复旦卓越·普通高等教育 21 世纪规划教材
国家示范性高等职业院校重点专业建设项目成果
机电类与汽车类专业核心课程

U0129002

PLC 与单片机应用技术

主　审　谢培甫

主　编　易　磊　黄　鹏

副主编　谢惠超　赵　阳　黄　英

参　编　曹悦彬　卜才力

复旦大学出版社

内 容 简 介

本书根据机电与汽车类专业高技能型人才的培养要求,结合机械制造类企业的实际需要,并在考虑高等职业教育教学要求和学生特点的基础上,以模块构建实践教学体系,以项目任务驱动教学内容。

本书以日本三菱 FX2N 系列和欧姆龙 CP 系列 PLC 为样机,通过由易到难的实际应用项目,引导学生熟悉相关国家标准和机械行业规范,学会合理运用 PLC。通过项目实施,使学生具备较强的 PLC 控制系统安装、调试、维护与故障诊断能力。本书还以机电控制系统中常用的 89C51 型单片机为主线,精心设计了与机电控制相关的实际应用项目,通过项目的实践教学,将单片机的硬件结构、工作原理、指令系统、汇编语言程序设计、接口技术和中断系统等相关知识融入到具体实践项目中,通过理论与实践一体化的教学,培养学生对单片机控制系统的安装、调试、维护与故障诊断能力。

本书可作为高等职业院校机电类与汽车类专业的教材,也可作为机械企业 PLC 和单片机应用技术培训教材,还可供机械企业相关技术人员参考。

Preface

前　言

可编程逻辑控制器(PLC)是一种新型的、具有极高可靠性的通用工业自动化控制装置。它以微处理器为核心,有机地将微型计算机技术、自动化控制技术和通信技术融为一体,具有控制能力强、可靠性高、配置灵活、编程简单和易于扩展等优点,是当今及今后工业控制的主要手段和重要的自动化控制设备。随着控制技术的发展,现代 PLC 得到了迅猛发展,不仅可实现逻辑控制,还可实现数字控制。PLC 技术与 CAD/CAM 技术、数控技术和机器人技术一起被称为当代工业自动化的四大支柱。

单片机又称为微控制器,是微型计算机的一个重要分支,是集 CPU, RAM, ROM, I/O 接口和中断系统于同一芯片的器件。进入 21 世纪,单片机发展迅速,各类产品不断涌现,出现了许多高性能机型,其技术已与 PLC 技术一起成为当代工业自动化的支柱之一。

近年来,日本三菱公司生产的 FX 系列 PLC、日本欧姆龙公司生产的 CP 系列 PLC 和基于 89C51 的单片机在我国工业控制领域得到广泛应用。因此,本教材以 FX2N 系列 PLC、欧姆龙 CP 系列 PLC 和 89C51 单片机为样机,根据机械制造类企业的要求,结合高等职业教育的特点,从机电技术应用的角度出发,理论与实践相结合,侧重于介绍 PLC 和单片机的应用技术,并精选了 PLC 和单片机在机电控制系统中的实际应用项目,通过项目的实施,提高学生的职业技能。

全书分为 5 个部分,第一部分为 PLC 概述;第二部分为三菱 FX2N 系列 PLC 实践项目,包含 3 个项目;第三部分为欧姆龙 CP 系列 PLC 实践项目,有 6 个实践项目;第四部分为单片机概述;第五部分为单片机实践项目,包含 3 个实践项目。书末有 PLC 与单片机习题,方便教学,还有相关附录,便于学生对相关指令和控制程序的查询。

本书由易磊、黄鹏主编,谢惠超、赵阳、黄英任副主编。湖南交通职业技术学院易磊编写了三菱 FX2N 系列 PLC 项目 2 和项目 3 部分;湖南交通职业技术学院谢惠超编写了PLC概述部分;陕西国防工业职业技术学院赵阳编写了欧姆龙CP系列PLC部分;湖南交通职业技术学院黄鹏编写了单片机两个部分;苏州经贸职业技术学院黄英编写了三菱FX2N系列PLC项目1;湖南交通职业技术学院曹悦彬和卜才力参与了本书的程序调试与文字校对工作。全书由湖南交通职业技术学院机电工程学院谢培甫教授主审。

本书在编写过程中得到了湖南交通职业技术学院和陕西国防工业职业技术学院领导的大力支持,还得到了浙江天煌科技实业有限公司的帮助,编者在此一并表示衷心感谢!

由于编者水平和时间有限,书中错误和不妥之处在所难免,敬请专家、同仁、读者批评指正。

编　者

2012年9月

Contents

目　录

第一部分

PLC 概 述

1.1 PLC 基本知识

1.1.1 PLC 的产生

在可编程逻辑控制器(PLC)出现以前,工业生产中广泛使用的电气控制系统是继电器控制系统。它是由成百上千只各种继电器构成复杂的控制系统,不仅需要用成千上万根导线连接起来,而且需要大量的继电器控制柜安装这些继电器,并占据着巨大的空间。当这些继电器运行时,又产生巨大的噪声,消耗大量的电能。为保证控制系统的正常运行,需安排大量的电气技术人员进行维护,有时某个继电器的损坏,甚至某个继电器的触点接触不良,都会影响整个系统的正常运行。如果系统出现故障,要进行检查和排除故障非常困难,全靠技术人员长期积累的经验。在生产工艺发生变化时,可能需要增加很多的继电器或继电器控制柜,重新接线或改线的工作量很大,甚至可能需要重新设计控制系统。尽管如此,这种控制系统的功能也仅仅局限在能实现具有粗略定时和计数功能的顺序逻辑控制。因此,人们迫切需要一种新的工业控制装置来取代传统的继电器控制系统,使电气控制系统工作更可靠、更容易维修、更能适应经常变化的生产工艺要求。

20 世纪 60 年代,随着电子技术的发展,出现了晶体管和中小规模集成电路。利用它们的开关特性代替继电器构成的逻辑控制系统,体积减小、接线方便,更重要的是,由这些数字器件构成的开关是无触点的,因而可靠性更高。但是这种由中小规模集成电路构成的电气控制系统,控制规模较小,输入/输出点数较少,编程不灵活。随着计算机技术开始应用于工业控制领域,人们尝试用小型计算机取代继电器控制系统。但是也存在价格较高、难以适应恶劣的工业环境和编程困难等问题,阻碍了其进一步发展和推广应用。

20 世纪 60 年代末,汽车工业竞争激烈,美国通用汽车公司(GM)希望有一种"柔性"的汽车制造生产线来适应汽车型号不断更新的要求,为此公开向制造商招标,GM 公司提出的10 条要求是:

(1) 编程简单,可在现场修改程序;

（2）维护方便，最好是插件式；

（3）可靠性高于继电器控制柜；

（4）体积小于继电器控制柜；

（5）可将数据直接送入管理计算机；

（6）在成本上可与继电器控制柜竞争；

（7）输入可以是交流 115 V（即用美国的电网电压）；

（8）输出为交流 115 V，2 A 以上，能直接驱动电磁阀；

（9）在扩展时，原有系统只需要很小的变更；

（10）用户程序存储器容量至少能扩展到 4 kB。

条件提出后，立即引起了开发热潮。1969 年，美国数字设备公司（DEC）研制出了世界上第一台 PLC，并应用于通用汽车公司的生产线上，取代继电器，以执行逻辑判断、计时和计数等顺序控制功能。紧接着，美国 MODICON 公司也开发出同名的控制器，1971 年，日本从美国引进了这项新技术，很快研制成了日本第一台 PLC。1973 年，西欧国家也研制出它们的第一台 PLC。

随着半导体技术，尤其是微处理器和微型计算机技术的发展，到 70 年代中期以后，特别是进入 80 年代以来，PLC 已广泛地使用 16 位甚至 32 位微处理器作为中央处理器，输入、输出模块和外围电路也都采用了中、大规模甚至超大规模的集成电路，使 PLC 在概念、设计、性能价格比以及应用方面都有了新的突破。这时的 PLC 已不仅仅是具有逻辑判断功能，还同时具有数据处理、PID 调节和数据通信功能。

我国从 1974 年开始研制 PLC，1977 年开始工业应用。目前，它已经大量地应用在楼宇自动化、家庭自动化、商业、公用事业、测试设备和农业等领域，并涌现出大批应用可编程序控制器的新型设备。掌握 PLC 的工作原理，具备设计、调试和维护 PLC 控制系统的能力，已经成为现代工业对电气技术人员和工科学生的基本要求。

1.1.2 PLC 的定义

1980 年，美国电气制造商协会（National Electronic Manufacture Association，简称 NEMA）将其定义为：PLC 是一种带有指令存储器，数字的或模拟的输入/输出接口，以位运算为主，能完成逻辑、顺序、定时、计数和算术运算等功能，用于控制机器或生产过程的自动控制装置。

国际电工委员会（IEC）于 1982 年 11 月颁发了 PLC 标准草案第一稿，1985 年 1 月又发表了第二稿，1987 年 2 月颁发了第三稿。该草案中对 PLC 的定义是：PLC 是一种数字运算操作的电子系统，专为在工业环境下应用而设计。它采用了可编程序的存储器，用来在其内部存储和执行逻辑运算、顺序控制、定时、计数和算术运算等操作命令，并通过数字式和模拟式的输入和输出，控制各种类型的机械或生产过程。PLC 及其有关外围设备，都按易于与工业系统联成一个整体、易于扩充其功能的原则设计。

定义强调了 PLC 是"数字运算操作的电子系统"，是一种计算机。它是"专为在工业环境下应用而设计"的工业计算机,是一种用程序改变控制功能的工业控制计算机,除了能完成各种各样的控制功能外,还有与其他计算机通信联网的功能。这种工业计算机采用"面向用户的指令",因此编程方便。它能完成逻辑运算、顺序控制、定时计数和算术操作,还具有"数字量和模拟量输入输出控制"的能力,并且非常容易与"工业控制系统联成一体",易于"扩充"。定义还强调了可编程控制器应直接应用于工业环境,它须具有很强的抗干扰能力、广泛的适应能力和应用范围。这也是区别于一般微机控制系统的一个重要特征。

应该强调的是,PLC与以往所讲的顺序控制器在"可编程"方面有质的区别。PLC引入了微处理机及半导体存储器等新一代电子器件,并用规定的指令进行编程,能灵活地修改,即用软件方式来实现"可编程"的目的。

1.1.3　PLC 的特点

PLC是一种面向用户的工业控制专用计算机,它与通用计算机相比具有以下特点。

(1) 编程简单,使用方便　梯形图是使用得最多的 PLC 的编程语言,形象直观、易学易懂,其符号与继电器电路原理图相似。有继电器电路基础的电气技术人员只要很短的时间就可以熟悉梯形图语言,并用来编制用户程序。

(2) 控制灵活,程序可变,具有很好的柔性　PLC 产品采用模块化形式,配备有品种齐全的各种硬件装置供用户选用,用户能灵活、方便地进行系统配置,组成不同功能、不同规模的系统。PLC用软件功能取代了继电器控制系统中大量的中间继电器、时间继电器、计数器等器件,硬件配置确定后,可以通过修改用户程序,不用改变硬件,方便、快速地适应工艺条件的变化,具有很好的柔性。

(3) 功能强,扩充方便,性能价格比高　PLC 内有成百上千个可供用户使用的编程元件,有很强的逻辑判断、数据处理、PID 调节和数据通信功能,可以实现非常复杂的控制功能。如果元件不够,只要加上需要的扩展单元即可,扩充非常方便。与相同功能的继电器系统相比,具有很高的性能价格比。

(4) 控制系统设计及施工的工作量少,维修方便　PLC 的配线与其他控制系统比较少得多,故可以省下大量的配线,减少大量的安装接线时间,开关柜体积缩小,节省大量的费用。PLC 有较强的负载能力,可以直接驱动一般的电磁阀和交流接触器。PLC 的故障率很低,且有完善的自诊断和显示功能,便于迅速地排除故障。

(5) 可靠性高,抗干扰能力强　PLC 是为现场工作设计的,采取了一系列硬件和软件抗干扰措施,硬件措施如屏蔽、滤波、电源调整与保护、隔离、后备电池等,软件措施如故障检测、信息保护和恢复、警戒时钟等。这些抗干扰措施有效提高了系统抗干扰能力,平均无故障时间达到数万小时以上,可以直接用于有强烈干扰的工业生产现场。PLC 已被广大用户公认为最可靠的工业控制设备之一。

(6) 体积小、重量轻、能耗低　PLC 采用 LSI 或 VLSI 芯片,结构紧凑、体积小、重量轻、功耗低,是机电一体化特有的产品。

1.1.4　PLC 的应用

目前,PLC 已经广泛地应用在各个工业部门。随着其性能价格比的不断提高,应用范围还在不断扩大,主要有以下几个方面。

(1) 逻辑控制　PLC 具有"与"、"或"、"非"等逻辑运算的能力,可以实现逻辑运算,用触点和电路的串、并联,代替继电器进行组合逻辑控制、定时控制与顺序逻辑控制。数字量逻辑控制可以用于单台设备,也可以用于自动生产线,其应用领域最为普及,包括微电子、家电行业也有广泛的应用。

(2) 运动控制　PLC 使用专用的运动控制模块,或灵活运用指令,使运动控制与顺序控制功能有机地结合在一起。随着变频器及电动机起动器的普遍使用,PLC 可以与变频器结合,运动控制功能更为强大,并广泛地用于各种机械,如金属切削机床、装配机械、机器人、电梯等场合。

(3) 过程控制　PLC 可以接收温度、压力、流量等连续变化的模拟量,通过模拟量 I/O 模块,实现模拟量(analog)和数字量(digital)之间的 A/D 转换和 D/A 转换,并对被控模拟量实行闭环 PID(比例-积分-微分)控制。现代的大中型 PLC 一般都有 PID 闭环控制功能,此功能已经广泛地应用于工业生产、加热炉、锅炉等设备,以及轻工、化工、机械、冶金、电力、建材等行业。

(4) 数据处理　PLC 具有数学运算,数据传送、转换、排序与查表及位操作等功能,可以完成数据的采集、分析和处理。这些数据可以是运算的中间参考值,通过通信功能传送到别的智能装置,或者将它们保存、打印。数据处理一般用于大型控制系统,如无人柔性制造系统,也可以用于过程控制系统,如造纸、冶金及食品工业中的一些大型控制系统。

(5) 构建网络控制　PLC 的通信包括主机与远程 I/O 之间的通信、多台 PLC 之间的通信、PLC 和其他智能控制设备(如计算机、变频器)之间的通信。PLC 与其他智能控制设备一起,可以组成"集中管理、分散控制"的分布式控制系统。

1.1.5　PLC 的分类

虽然国内外各厂家生产的 PLC 产品型号、规格和性能各不相同,但仍然可按照 I/O 点数和功能、结构两种形式分类。

1. 按 I/O 点数和功能分类

PLC 用于对外部设备的控制,外部信号的输入、PLC 的运算结果的输出都要通过 PLC 输入、输出端子接线,输入、输出端子的数目之和称作 PLC 的输入、输出点数,简称 I/O 点数。根据 I/O 点数的多少可将 PLC 分成小型、中型和大型 3 类。小型 PLC 的 I/O 点数小于 256 点,以开关量控制为主,具有体积小、价格低的优点,可用于开关量的控制、定时/计数的控制、顺序控制及少量模拟量的控制场合,代替继电器-接触器控制,在单机或小规模生产过程控制中使用。中型 PLC 的 I/O 点数在 256~1 024 之间,功能比较丰富,兼有开关量和模拟量的控制能力,适用于较复杂系统的逻辑控制和闭环过程的控制。大型 PLC 的 I/O 点数在 1 024 点以上,用于大规模过程控制、集散式控制和工厂自动化网络。

2. 按结构形式分类

PLC 可分为整体式结构和模块式结构两大类。

整体式 PLC 是将 CPU、存储器、I/O 部件等组成部分集中于一体,安装在印刷电路板上,并连同电源一起装在一个机壳内,形成一个整体,通常称为主机或基本单元。整体式结构的 PLC 具有结构紧凑、体积小、重量轻、价格低等优点。一般小型或超小型 PLC 多采用这种结构。

模块式 PLC 是把各个组成部分做成独立的模块,如 CPU 模块、输入模块、输出模块、电源模块等。各模块做成插件式,组装在一个具有标准尺寸并带有若干插槽的机架内。模块式结构的 PLC 配置灵活,装配和维修方便,易于扩展。一般大中型的 PLC 都采用这种结构。

1.1.6　PLC 的发展

1. 向高集成、高性能、高速度、大容量方向发展

微处理器技术、存储技术的发展十分迅猛,功能更强大,价格更便宜。该技术研发的微处理器针对性更强,这为 PLC 的发展提供了良好的环境。大型 PLC 大多采用多 CPU 结构,不断地向高性能、高速度和大容量方向发展。

在模拟量控制方面,除了专门用于模拟量闭环控制的 PID 指令和智能 PID 模块,某些 PLC 还具有模糊控制、自适应和参数自整定功能,使调试时间减少,控制精度提高。

2. 向普及化方向发展

由于微型 PLC 的价格便宜,体积小、重量轻、能耗低,很适合于单机自动化。它的外部接线简单,容易组成控制系统,在很多控制领域中得到广泛应用。

3. 向模块化、智能化方向发展

PLC 采用模块化的结构,方便了使用和维护。智能 I/O 模块主要有模拟量 I/O、高速计数输入、中断输入、机械运动控制、热电偶输入、热电阻输入、条形码阅读器、多路 BCD 码输入/输出、模糊控制器、PID 回路控制、通信等模块。智能 I/O 模块本身就是一个小的微型计算机系统,有很强的信息处理能力和控制功能,有的模块甚至可以自成系统,单独工作。它们可以完成 PLC 的主 CPU 难以兼顾的功能,简化了某些控制领域的系统设计和编程,提高了 PLC 的适应性和可靠性。

4. 向软件化方向发展

编程软件可以控制 PLC 系统的硬件组态,即设置硬件的结构和参数,如设置各框架的各个插槽上模块的型号、模块的参数、各串行通信接口的参数等。在屏幕上可以直接生成和编辑梯形图、指令表、功能块图和顺序功能图程序,并可以实现不同编程语言的相互转换。PLC 编程软件有调试和监控功能,可以在梯形图中显示触点的通断和线圈的通电情况,查找复杂电路的故障非常方便。历史数据可以存盘或打印,通过网络还可以实现远程编程和传送。

个人计算机(PC)价格便宜,有很强的数学运算、数据处理、通信和人机交互的功能。目

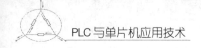

前已有多家厂商推出了在 PC 上运行的可实现 PLC 功能的软件包,如亚控公司的 KingPLC。"软 PLC"在很多方面比传统的"硬 PLC"有优势,有的场合"软 PLC"可能是理想的选择。

5. 向通信网络化方向发展

伴随科技发展,很多工业控制产品都加设了智能控制和通信功能,如变频器、软启动器等,可以和现代的 PLC 联网通信,实现更强大的控制功能。通过双绞线、同轴电缆或光纤联网,信息可以传送到几十公里远的地方,通过互联网可以与世界上其他地方的计算机装置通信。

相当多的大中型控制系统都采用上位计算机加 PLC 的方案,通过串行通信接口或网络通信模块,实现上位计算机与 PLC 数据信息交换。应用组态软件可实现两者的通信,降低了系统集成的难度,节约了大量的设计时间,提高了系统的可靠性。国际上比较著名的组态软件有 Intouch,Fix 等,国内也涌现出了组态王、力控等一批组态软件。有的可编程序控制器厂商也推出了自己的组态软件,如西门子公司的 WINCC。

1.1.7 PLC 的主要技术指标

PLC 的种类很多,用户可以根据控制系统的具体要求选择不同技术性能指标的 PLC。PLC 的技术性能指标主要有以下几个方面。

1. 输入/输出点数

PLC 的 I/O 点数指外部输入、输出端子数量的总和,是描述 PLC 大小的一个重要参数。

2. 存储容量

PLC 的存储器由系统程序存储器、用户程序存储器和数据存储器 3 个部分组成。PLC 存储容量通常指用户程序存储器和数据存储器容量之和,表示系统提供给用户的可用资源,是 PLC 的一项重要技术指标。

3. 扫描速度

PLC 采用循环扫描方式工作,完成一次扫描所需的时间叫做扫描周期。影响扫描速度的主要因素有用户程序长度和 PLC 产品类型。PLC 中,CPU 的类型、机器字长等直接影响PLC 运算精度和运行速度。

4. 指令系统

指令系统是指 PLC 所有指令的总和。PLC 的编程指令越多,软件功能就越强,但掌握应用也相对较复杂。用户应根据实际控制要求选择指令功能合适的可编程控制器。

5. 通信功能

通信包括 PLC 之间的通信和 PLC 与其他设备之间的通信。通信主要涉及通信模块、通信接口、通信协议和通信指令等内容。PLC 的组网和通信能力已成为 PLC 产品水平的重要衡量指标之一。

1.2 PLC 的结构与工作原理

1.2.1 PLC 的结构

PLC 的类型繁多,功能和指令系统也不尽相同,但结构与工作原理则大同小异,通常由主机、输入/输出接口、电源、编程器扩展器接口和外部设备接口等几个主要部分组成,其硬件结构如图 1.1 所示。

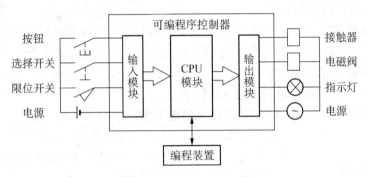

图 1.1 PLC 的硬件系统结构图

1. 主机

主机部分包括中央处理器(CPU)、系统程序存储器和用户程序及数据存储器。CPU 是 PLC 的核心,用以运行用户程序、监控输入/输出接口状态、作出逻辑判断和进行数据处理。即读取输入变量、完成用户指令规定的各种操作,将结果送到输出端,并响应外部设备(如编程器、电脑、打印机等)的请求以及进行各种内部判断等。PLC 的内部存储器有两类,一类是系统程序存储器,主要存放系统管理和监控程序及对用户程序作编译处理的程序,系统程序已由厂家固定,用户不能更改;另一类是用户程序及数据存储器,主要存放用户编制的应用程序及各种暂存数据和中间结果。

2. 输入/输出(I/O)接口

I/O 接口是 PLC 与输入/输出设备连接的部件。输入接口接受输入设备(如按钮、传感器、触点和行程开关等)的控制信号,输出接口是将主机经处理后的结果通过功放电路驱动输出设备(如接触器、电磁阀和指示灯等)。I/O 接口一般采用光电耦合电路,以减少电磁干扰,从而提高了可靠性。I/O 点数即输入/输出端子数是 PLC 的一项主要技术指标,通常小型机有几十个点,中型机有几百个点,大型机将超过千点。

3. 电源

图 1.1 中的电源是指为 CPU、存储器、I/O 接口等内部电子电路工作所配置的直流开关稳压电源,通常也为输入设备提供直流电源。

4. 编程器

编程器是 PLC 的一种主要的外部设备,用于手持编程,用户可用以输入、检查、修改、调试程序或监控 PLC 的工作情况。除手持编程器外,还可通过适配器和专用电缆线将 PLC 与电脑连接,并利用专用的工具软件进行电脑编程和监控。

5. 输入/输出扩展单元

I/O 扩展接口用于连接扩充外部输入/输出端子数的扩展单元与基本单元(即主机)。

6. 外部设备接口

此接口可将编程器、打印机、条码扫描仪等外部设备与主机相连,以完成相应的操作。

1.2.2 PLC 的工作原理

1.2.2.1 PLC 的工作方式

PLC 源于用计算机控制来取代继电器控制,所以 PLC 与通用计算机有相同之处,如具有相同的基本结构和相同的指令执行原理。但是,两者在工作方式上却有着重大的区别。PLC 采用循环扫描工作方式,集中进行输入采样和输出刷新。I/O 映像区分别存放执行程序之前的各输入状态和执行过程中各结果的状态。

1. PLC 的循环扫描工作方式

PLC 采用周期循环扫描的工作方式。CPU 连续执行用户程序和任务的循环序列,称为扫描。CPU 对用户程序的执行过程是 CPU 的循环扫描,并用周期性地集中采样和集中输出的方式来完成,其工作过程如图 1.2 所示。

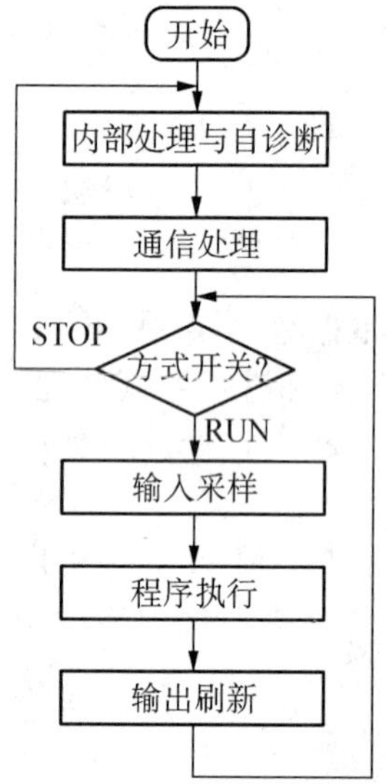

一个扫描周期主要可分为以下几个阶段。

（1）读输入阶段 每次扫描周期的开始,先读取输入点的当前值,然后写到输入映像寄存器区域。在之后的用户程序执行的过程中,CPU 访问输入映像寄存器区域,而并非读取输入端口的状态,输入信号的变化不会影响输入映像寄存器的状态。通常要求输入信号有足够的脉冲宽度,以便被响应。

（2）执行程序阶段 是指用户程序执行阶段,PLC 按照梯形图的顺序自左而右、自上而下地逐行扫描,CPU 从用户程序的第一条指令开始执行,直到最后一条指令结束,程序运行结果放入输出映像寄存器区域。在此阶段,允许对数字量 I/O 指令和不设置数字滤波的模拟量 I/O 指令进行处理。在扫描周期的各个部分均可对中断事件进行响应。

图 1.2 PLC 循环扫描的工作过程

（3）处理通信请求阶段 是扫描周期的信息处理阶段,CPU 处理从通信端口接收到的信息。

（4）执行 CPU 自诊断测试阶段 在此阶段 CPU 检查其硬件、用户程序存储器和所有 I/O 模块的状态。

（5）写输出阶段 每个扫描周期的结尾,CPU 把存在输出映像寄存器中的数据输出给数字量输出端点(写入输出锁存器中),更新输出状态;然后 PLC 进入下一个循环周期,重新执行输入采样阶段,周而复始。

如果程序中使用了中断,中断事件出现时,立即执行中断程序,中断程序可以在扫描周期的任意点被执行。

如果程序中使用了立即 I/O 指令,可以直接存取 I/O 点。用立即 I/O 指令读输入点值时,相应的输入映像寄存器的值未被修改;用立即 I/O 指令写输出点值时,相应的输出映像寄存器的值被修改。

2. PLC 处理输入/输出的特点

正因为 PLC 采取集中输入采样、集中输出刷新的扫描方式,所以 PLC 对输入/输出处理有如下特点:

(1) 用户 RAM 区中设置 I/O 映像区,分别存放执行程序之前采样的各输入状态和执行过程中各结果的状态。

(2) 输入点在 I/O 映像区中的数据取决于输入端子在本扫描周期输入采样阶段所刷新的状态,而在程序执行和输出刷新阶段,其内容不会发生变化。

(3) 输出点在 I/O 映像区中的数据取决于程序中输出指令的执行结果,而在输入采样和输出刷新阶段,其内容不会发生变化。

(4) 输出锁存电路中的数据取决于上一个扫描周期输出刷新阶段存入的内容,而在输入采样和程序执行阶段,其内容不会发生变化。

(5) 直接与外部负载连接的输出端子的状态取决于输出锁存电路输出的数据。

(6) 程序执行中所需要的输入/输出状态取决于由 I/O 映像区中读出的数据。

1.2.2.2　PLC 的扫描周期

1. PLC 扫描周期的定义

PLC 全过程扫描一次所需的时间定为一个扫描周期。从图 1.2 知道,在 PLC 上电复位后,首先要进行初始化,如自诊断、与外设通信等处理。当 PLC 方式开关置于 RUN 位置时,它才进入输入采样、程序执行和输出刷新阶段。一个完整的扫描周期应包含上述 5 个阶段。运行以后的 PLC 不断循环,重复执行后 3 个阶段,所以运行后的扫描周期相应的要短一些。

2. PLC 扫描周期的计算

一个完整的扫描周期可由自诊断时间、通信时间、扫描 I/O 时间和扫描用户程序时间相加得到。

(1) 诊断时间　　同型号 PLC 的自诊断时间通常是相同的。

(2) 通信时间　　取决于连接的外设数量,若未连接外设,则通信时间为 0。

(3) 扫描 I/O 时间　　等于扫描的 I/O 总点数与每点扫描速度的乘积。

(4) 扫描用户程序时间　　等于基本指令扫描速度与所有基本指令步数的乘积。对于扫描功能指令的时间,可同样计算。

由此可见,PLC 控制系统固定后,扫描周期主要随扫描用户程序时间的长短而增减。机型确定后,扫描速度就确定了,扫描用户程序时间的长短随着用户梯形图程序的长短增减。

例 1.1　三菱 FX1S - 30MT 基本单元,其输入/输出点数为 16/14,用户程序为 2 000 步基本指令,PLC运行时不连接上位计算机等外设。当I/O扫描速度为 3.8 μs/点、用户程序的扫描速度为 0.7 μs/步、自诊断所需的时间设为 1 ms 时,试计算一个扫描周期所需要的时间。

解: 扫描 30 点 I/O 所需要的时间 $T1 = 3.8\ \mu s/$ 点 $\times 30$ 点 $= 0.114\ \mathrm{ms}$;

扫描 2 000 步程序所需要的时间 $T2 = 0.7\ \mu s/$ 步 $\times 2\,000$ 步 $= 1.4\ \mathrm{ms}$;

自诊断所需要的时间 $T3 = 1\ \mathrm{ms}$。

因 PLC 运行时不与外设通信,所以通信时间 $T4 = 0$,则一个扫描周期为

$$T = T1 + T2 + T3 + T4 = 0.114 + 1.4 + 1 + 0 = 2.514(\mathrm{ms})。$$

1.2.2.3 PLC 的 I/O 响应时间

I/O 响应时间是指从 PLC 的输入信号变化开始到引起相关输出端信号的改变所需要的时间,它反映了 PLC 的输出滞后输入的时间。引起输出滞后输入的主要原因是:

(1)为了增强 PLC 的抗干扰能力,PLC 的每个开关量输入端都采用电容滤波、光电隔离等技术。

(2)由于 PLC 采用集中 I/O 刷新方式,在程序执行阶段和输出刷新阶段,即使输入信号发生变化,输入映像区的内容也不会改变。这就导致了输出信号滞后于输入信号,其响应时间至少需要一个扫描周期,一般均大于一个扫描周期。

最短的 I/O 响应时间如图 1.3 所示,输入信号的变化正好在采样阶段结束前发生,所以在本扫描周期能及时被采集,并在本扫描周期的输出刷新阶段开始时就输出。

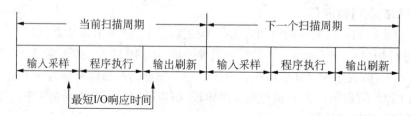

图 1.3 最短的 I/O 响应时间

最长的 I/O 响应时间如图 1.4 所示,输入信号的变化正好在采样阶段结束后发生,所以要在下一扫描周期的采样阶段才能被采集到,并且在下一扫描周期的输出刷新阶段结束前输出。

图 1.4 最长的 I/O 响应时间

1.3 PLC 的编程语言

PLC 的编程语言多种多样,不同生产商、不同系列的 PLC 产品采用的编程语言的表达方式是不同的,但基本上可分为两种类型:一是采用字符表示的编程语言,如语句表等;二是采用图形符号表示的编程语言,如梯形图等。以下简要介绍几种常见的 PLC 编程语言。

1.3.1 梯形图语言

梯形图语言是在传统电气控制系统中常用的接触器和继电器等图形表示符号的基础上演变而来的。它与电气控制线路相似,继承了传统电气控制逻辑中使用的框架结构、逻辑运算方式和 I/O 形式,具有形象、直观和实用的特点。因此,梯形图语言是应用最广泛的 PLC 编程语言。

PLC 的梯形图使用的内部继电器、定时/计数器等都是由软件实现的,使用方便、修改灵活,与电气控制系统线路硬接线相比优势明显。

1. 梯形图中的图元符号

梯形图中的图元符号见表 1.1。

表 1.1 梯形图中的图元符号

名　　称	梯形图中的图元符号
常　开	─┤├─
常　闭	─┤/├─　─┤\├─
线　圈	─○─　─⬭─　─( )─

(1) 在梯形图中用一种图元符号表示。

(2) 不同的 PLC 编程软件,在其梯形图中使用的图元符号可能有所不同。

2. 梯形图的格式

如图 1.5 所示,梯形图是形象化的编程语言。它用接点的连接组合表示条件,用线圈的输出表示结果来绘制顺控电路图。而梯形图的绘制必须按规定的格式进行,其相关规定如下:

(1) 与 PLC 程序执行顺序一样,组成梯形图网络各逻辑行的编写顺序也是按从上到下、从左往右顺序编写。梯形图左边垂直线称为起始母线,右边垂直线称为终止母线。每一逻辑行总是从起始母线开始,终止于终止母线(终止母线可以省略)。

(2) 每一逻辑行由一个或几个支路组成。左边是由接点组成的支路,表示控制条件;逻辑行的最右端必须连接输出线圈,表示控制的结果。输出线圈总是终止于右母线,同一标识的输出线圈只能使用一次。

(3) 在梯形图中,每一个常开和常闭接点都有自己的标识,以相互区别。同一标识的常

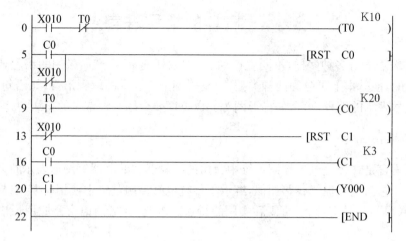

图1.5　梯形图的结构形式

开和常闭接点均可多次重复使用,次数不限。

（4）梯形图中的接点可以任意串联和并联,而输出线圈只能并联,不能串联。

（5）在梯形图的最后一个逻辑行要用程序结束符"END",以告诉编译系统用户程序到此结束。

3. 梯形图编程的基本原则

（1）梯形图中的接点不能出现在线圈的右边。

（2）接点应画在水平线上,不要画在垂直线上。

（3）应满足左重右轻、上重下轻的原则。即并联块串联时,应将接点多的支路放在梯形图的左方;串联块并联时,应将接点多的并联支路放在梯形图的上方。

（4）不宜使用双线圈输出。若在同一梯形图中,同一组件的线圈使用两次或两次以上,则称为双线圈输出。双线圈输出时,只有最后一次才有效,故一般不宜使用双线圈输出。

1.3.2　助记符语言

助记符语言是以汇编指令的格式来表示控制程序的程序设计语言。同微机的汇编指令一样,助记符指令也是由操作码和操作数两部分组成。操作码用助记符表示,便于记忆,用来表示指令的功能,告诉CPU要执行什么操作,如LD表示取、OR表示或。操作数用标识符和参数表示,用来表示参加操作的数的类别和地址,如用X表示输入、用Y表示输出。操作数是一个可选项,如END指令就没有对应的操作数。

编程时,可直接用助记符编写。更方便的方法是先编制梯形图,再用软件将梯形图转化成对应的指令表。

1.3.3　流程图语言

流程图（sequential function chart，SFC)是一种描述顺序控制系统功能的图解表示法。

对于复杂的顺控系统,内部的互锁关系非常复杂,若用梯形图来编写,其程序步就会很长,可读性也会大大降低。符合 IEC 标准的流程图语言,以流程图形式表示机械动作,即以 SFC 语言的状态转移图方式编程,特别适合编制复杂的顺控程序。

用 SFC 语言编制复杂的顺控程序的编程思路是:按结构化程序设计的要求,将一个复杂的控制过程分解为若干个工步,这些工步称为状态。状态与状态之间由转移分隔,相邻的状态具有不同的动作。当相邻两状态之间的转移条件得到满足时,就实现转移。即上面状态的动作结束而下一状态的动作开始,可用状态转移图描述控制系统的控制过程。状态转移图具有直观和简单的特点,是设计 PLC 顺序控制程序的有力工具。

1. SFC 语言的元素

SFC 语言的元素有状态、转移和有向线段:

(1)状态　表示过程中的一个工步(动作)。状态符号用单线框表示,框内是状态的组件号。一个控制系统还必须要有一个初始状态,对应的是其运行的原点,初始状态的符号是双线框。

(2)转移　表示从一个状态到另一个状态的变化。状态之间要用有向线段连接,以表示转移的方向。有向线段上的垂直短线和它旁边标注的文字符号或逻辑表达式表示状态转移条件,凡是从上到下、从左到右的有向线段的箭头可以省去不画。

(3)有向线段　与状态对应的动作用该状态右边的一个或几个矩形框表示,其旁边多为被驱动的线圈。

2. SFC 流程图的基本形式

SFC 流程图按结构来分可以分为 3 种形式,如图 1.6 所示。

(1)单流程结构　其状态一个接着一个地顺序进行,每个状态仅连接一个转移,每个转移也仅连接着一个状态,如图 1.6(a)所示。

(2)选择结构　在某一状态后有几个单流程分支,当相应的转移条件满足时,一次只能选择进入一个单流程分支。选择结构的转移条件是在某一状态后连接一条水平线,水平线

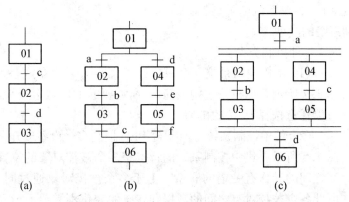

图 1.6 SFC 流程图的 3 种基本形式

下再连接各个单流程分支的第一个转移。各个单流程分支结束时,也要用一条水平线表示,而且其下不允许再有转移。选择结构如图 1.6(b)所示。

(3) 并行结构　在某一转移下,若转移条件满足,将同时触发并行的几个单流程分支,这些并行的顺序分支应画在两条双水平线之间,如图 1.6(c)所示。

1.3.4　逻辑图语言

逻辑图是一种类似于逻辑电路结构的编程语言,由与门、或门、非门、定时器、计数器和触发器等逻辑符号组成。

1.3.5　高级语言

随着 PLC 技术的发展,近年来推出的大型 PLC 均可采用高级语言编写程序,如 BASIC 语言、C 语言及 PASCAL 语言等。采用高级语言后,用户可以像使用普通计算机一样操作 PLC,使 PLC 的各种功能得到更好的发挥。

在 PLC 的所用编程语言中,梯形图、助记符和流程图 3 种程序设计语言使用最多,它们各有特点,在 PLC 编程中要根据控制任务来灵活选择。梯形图具有与继电器控制相似的特征,编程直观、形象,易于掌握。助记符语言与汇编语言相似,可以使用功能指令,特别适合于在现场输入和调试程序。SFC 语言以流程图形式表示机械动作,以状态转移图方式编程,解决了用梯形图和助记符语言编程可读性差、程序步长的缺点,特别适合于编制复杂的顺控程序。

1.4　PLC 控制系统设计

1.4.1　PLC 控制系统的总体设计

PLC 控制系统的总体设计是进行 PLC 应用设计时重要的第一步。首先应当根据被控对象的要求,确定 PLC 控制系统的类型。

1. PLC 控制系统的类型

PLC 控制系统有 4 种控制类型。

(1) 单机控制系统　由一台 PLC 控制一台设备或一条简易生产线,如图 1.7 所示。单机系统构成简单,所需要的 I/O 点数较少,存储器容量小,可以任意选择 PLC 的机型。

(2) 集中控制系统　由一台 PLC 控制多台设备或几条简易生产线,如图 1.8 所示。集中控制系统的特点是多个被控对象的位置比较接近,且相互之间的动作有一定的联系。由于多个被控对象通过同一台 PLC 控制,因此各个被控对象之间的数据和状态的变化不需要另设专门的通信线路。集中控制系统的最大缺点是,如果某个被控对象的控制程序需要改变或

图 1.7　单机控制系统

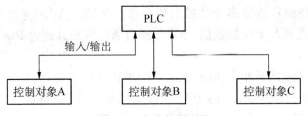

图 1.8　集中控制系统

PLC 出现故障,整个系统都要停止工作。对于大型的集中控制系统,可以采用冗余系统来克服这个缺点,要求 PLC 的 I/O 点数和存储器容量有较大的余量。

(3) 远程 I/O 控制系统　这种控制系统是集中控制系统的特殊情况,也是由一台 PLC 控制多个被控对象,但是却有部分 I/O 系统远离 PLC 主机,如图 1.9 所示,适用于具有部分被控对象远离集中控制室的场合。PLC 主机与远程 I/O 通过同轴电缆传递信息,不同型号的 PLC 所能驱动的同轴电缆的长度不同,所能驱动的远程 I/O 通道的数量也不同。选择 PLC 型号时,要重点考察驱动同轴电缆的长度和远程 I/O 通道的数量。

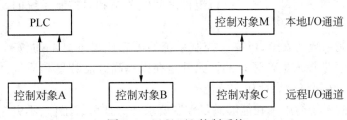

图 1.9　远程 I/O 控制系统

(4) 分布式控制系统　这种系统有多个被控对象,每个被控对象由一台具有通信功能的 PLC 控制,由上位机通过数据总线与多台 PLC 进行通信,各个 PLC 之间也有数据交换,如图 1.10 所示。

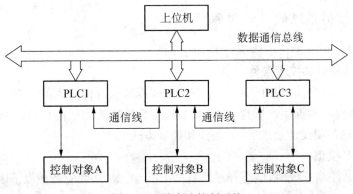

图 1.10　分布式控制系统

分布式控制系统的特点是多个被控对象分布的区域较大,相互之间的距离较远,每台PLC可以通过数据总线与上位机通信,也可以通过通信线与其他的PLC交换信息。分布式控制系统的最大好处是当某个被控对象或PLC出现故障时,不会影响其他的PLC。

PLC控制系统的发展是非常快的,从简单的单机控制系统,到集中控制系统,再到分布式控制系统,目前又提出了PLC的EIC综合化控制系统,即将电气(electric)控制,仪表(instrumentation)控制和计算机(computer)控制集成为一体,形成先进的EIC控制系统。基于这种控制思想,在进行PLC控制系统的总体设计时,要考虑到如何同这种先进性相适应,并有利于系统功能的进一步扩展。

2. PLC控制系统设计的基本原则

PLC控制系统与其他的工业控制系统类似,其目的是为了实现被控制对象的工艺要求,从而提高生产效率和产品质量。在设计PLC控制系统时,应按照以下基本原则进行。

(1)满足被控对象提出的各项性能指标　设计前,要深入现场进行实地考察,全面、详细地了解被控制对象的特点和生产工艺过程。同时要搜集各种资料,归纳出工作状态流程图,并与有关的设计人员和实际操作人员进行相互交流与探讨,明确控制任务和设计要求。要了解工艺过程和机械运动与电气执行组件之间的关系和对控制系统的要求,共同拟定电气控制方案。

(2)确保控制系统的安全、可靠　控制系统的可靠性很重要,不能安全、可靠工作的控制系统是不可能长期投入生产运行的。尤其是在以提高产品数量和质量、保证生产安全为目标的应用场合,必须将可靠性放在首位。

(3)力求控制系统简单　在能够满足控制要求和保证可靠工作、不失先进性的前提下,应力求控制系统结构简单。只有结构简单的控制系统才具有经济性和实用性的特点,才能做到使用方便和维护容易。

(4)留有适当的余量　考虑到生产规模的扩大、生产工艺的改进、控制任务的增加以及维护方便的需要,要充分利用PLC易于扩充的特点,在选择PLC的容量时应留有适当的余量。

1.4.2　PLC控制系统的设计步骤

PLC控制系统设计的一般步骤,如图1.11所示。

1. 明确设计任务和技术条件

在进行系统设计之前,设计人员首先应该对被控对象进行深入的调查和分析,并熟悉工艺流程及设备性能。根据生产中提出的问题,确定系统所要完成的任务。与此同时,拟定出设计任务书,明确各项设计要求、约束条件和控制方式。

2. 选择PLC机型

在设计PLC控制系统时,应选择最适宜的PLC机型,一般应考虑以下因素。

(1)系统的控制目标　设计PLC控制系统时,首要的控制目标就是:确保生产的安全、可靠,能长期稳定运行,保证产品质量,提高生产效率和改善信息管理等。

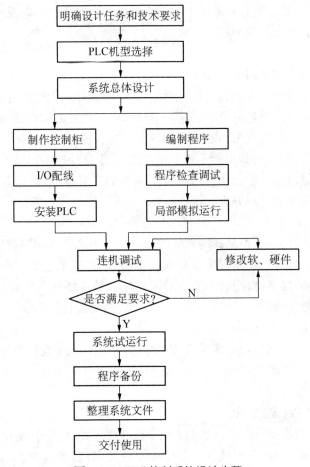

图 1.11　PLC 控制系统设计步骤

（2）PLC 的硬件配置　PLC 的硬件配置主要应考虑以下几个方面：

① CPU 能力。CPU 的能力是 PLC 最重要的性能指标，在选择机型时，首先要考虑如何配置 CPU，包括处理器的个数及位数、存储器的容量及可扩展性和编程元件的能力等方面。

② I/O 系统。PLC 控制系统 I/O 点数的多少是 PLC 控制系统设计时必须知道的参数，在进行硬件配置时这个参数具有两个含义：一个是实际的控制系统所需要的 I/O 点数；另一个是所考虑的 PLC 机型能够提供的 I/O 点数。在配置 I/O 点时，为了方便系统功能扩充和避免 PLC 在满负荷下工作，I/O 点数一般要留有 20%～30% 的余量。

③ 指令系统。PLC 的种类很多，因此它的指令系统是不完全相同的。可根据实际应用场合对指令系统提出的要求选择相应的 PLC。在对 PLC 的控制系统进行选择时必须考虑总指令条数、指令的表达形式、应用软件的程序结构和软件开发手段等问题。

④ 响应速度。对于以数字量控制为主的 PLC 控制系统，PLC 的响应速度都可以满足要求，不必特殊考虑。而对于含有模拟量的 PLC 控制系统，特别是含有较多闭环控制的系统，必须考虑 PLC 的响应速度。一般从执行指令时间和扫描周期两方面来考虑。

⑤ 其他考虑。除了上述需要考虑的问题以外,还需要考虑工程投资及性能价格比、备品配件的统一性和技术支持等问题。

3. 系统硬件设计

PLC控制系统的硬件设计是指对PLC外部设备的设计。在硬件设计中,要进行输入设备的选择、执行元件的选择、控制台的设计和选择,以及操作面板的设计。

通过对用户输入输出设备的分析、分类和整理,进行相应的I/O地址分配。在I/O设备表中,应包含I/O地址、设备代号、设备名称和控制功能,应尽量将相同类型的信号和相同电压等级的信号地址安排在一起,以便于施工和布线,并据此绘出I/O接线图。对于较大的控制系统,为便于软件设计,可根据工艺流程将所需要的定时器、计数器及内部辅助继电器和变量寄存器也进行相应的地址分配。

4. 系统软件设计

对于电气技术人员来说,控制系统软件的设计就是用梯形图编写控制程序,可采用经验设计法或逻辑设计法。对于控制规模比较大的系统,可根据工艺流程图将整个流程分解为若干步,确定每步的转换条件,配合分支、循环、跳转及某些特殊功能,以便很容易地转换为梯形图设计。软件设计可以与现场施工同步进行,以缩短设计周期。

5. 系统的局部模拟运行

在完成PLC控制系统的初步设计后,需要进行模拟调试。在确保硬件工作正常的前提下,再进行软件调试。在调试控制程序时,应按照从上到下、先内后外、先局部后整体的原则,逐句、逐段地调试。

6. 控制系统的联机调试

调试时,先从各功能单元入手,设定输入信号,观察输出信号的变化情况。各功能单元调试完成后,再调试全部程序,调试各部分的接口情况,直到满意为止。程序调试可以在实验室进行,也可以在现场进行。如果在现场进行测试,需将PLC系统与现场信号隔离,可以切断输入/输出模板的外部电源,以免引起机械设备动作。程序调试过程中,应先发现错误,后进行纠错。基本原则是"集中发现错误,集中纠正错误"。在系统联调中,要特别注意灵活使用技巧,以便加快系统调试过程。

7. 编制系统的技术文件

在设计任务完成后,要编制系统的技术文件。技术文件一般应包括总体说明、硬件文件、软件文件和使用说明等内容,随系统一起交付使用。

1.4.3 控制程序设计

PLC控制系统由硬件和软件两部分组成,软件即PLC的控制程序,是PLC控制系统的核心,是满足系统控制要求和实现控制功能的关键。

1. 控制程序的模块化设计

大部分PLC均按照模块化思想来组织控制程序。对于不采用块组织的PLC,一般均具有子程序和子程序调用指令,基于子程序的设计思想可将一个大型的控制程序划分为若干

个功能相对独立的程序模块。PLC 的程序模块一般由多行语句、多步语句或多行梯形图组成,模块的划分应满足以下要求:

(1) 模块内部结构的变化不应影响模块的外部接口条件,一般只需要了解调用的输入/输出参数和实现的功能,而不必关心其内部的实现过程。

(2) 将模块间的耦合度减到最小,一般只传递必要的数据而不传递状态参数,以减小相互依存的程度。

(3) 每个模块只实现1~2个基本功能,每个模块的语句步数不要过多,以便调试和查错。

采用模块化程序设计,可降低系统设计和系统实施的复杂程度。借助该方法,可将复杂的控制程序分解成若干个子程序模块,再将一个个子程序分解为一系列的层次型的子程序模块,直到分解到最基本的子程序模块为止。

2. 程序设计方法

常用的 PLC 程序设计方法有继电器线路替代设计法、逻辑代数法、流程图设计法、经验设计法和顺序功能图设计法等。

(1) 继电器线路替代法 替代设计法是用 PLC 的梯形图程序替代原有的继电器逻辑控制线路。如果利用 PLC 改造传统的继电器控制系统,可直接采用此方法设计 PLC 系统或其某个局部控制程序。一般来说,替代法的基本步骤如下:

① 将原有电气控制系统输入信号和输出信号作为 PLC 的 I/O 点,设计相应的 I/O 地址表。

② 用 PLC 的辅助触点 M 取代原有电气线路的中间继电器的触点,用 PLC 的辅助线圈 M 取代原有中间继电器的线圈,用 PLC 的梯形图完成原有控制线路的逻辑控制功能。

(2) 逻辑代数设计法 逻辑代数设计法是仿照数字电子技术中的逻辑设计方法进行 PLC 梯形图程序设计,其基本思想是,使用逻辑表达式描述实际问题,根据逻辑表达式设计梯形图。逻辑代数设计法的一般步骤如下:

① 根据控制要求列出逻辑表达式。

② 对逻辑表达式进行简化。

③ 设计 I/O 地址表,并根据化简后的逻辑表达式设计梯形图程序。

(3) 流程图设计法 PLC 控制程序及其运行过程可以用流程图来表示。因此,用流程图可进行 PLC 控制程序设计,其一般步骤如下:

① 画出控制系统流程图。

② 设计 I/O 地址表。

③ 根据流程图设计梯形图。

(4) 经验设计法 经验设计法是工程技术人员常用的一种设计方法。该方法要求设计者掌握和积累大量的典型梯形图,在掌握这些典型梯形图的基础上,充分理解实际的控制问题,将实际的控制问题分解为典型的梯形图,然后进行组合,结合实际控制要求,修改成实际需求的梯形图程序。

(5) 顺序功能图设计法 如果系统的动作或工序存在明显的先后关系或顺序关系,一

般可采用顺序功能图设计法,简称 SFC 设计法。其基本步骤如下:

① 根据工作任务设计控制系统的动作顺序图或状态图,找出状态发生转换的条件。

② 设计 I/O 地址表。

③ 将状态流程图翻译成梯形图。

1.4.4 PLC 电控系统的抗干扰设计

PLC 自身具有较强的环境适应能力和抗干扰能力,但并不保证基于 PLC 设计的电控系统具有同样的环境适应能力和抗干扰能力,这就需要设计者针对具体的控制需求、干扰源特点和传播途径进行抗干扰设计。

1. 干扰源及其传播特点

(1) 干扰源及分类 干扰源又称为噪声。按产生噪声的根源,可将噪声分为放电噪声、高频振荡噪声和浪涌噪声;按传导方式,可将噪声分为串模噪声和共模噪声;按噪声信号的波形及性质,可将噪声分为持续正弦波噪声、偶发脉冲波噪声和脉冲序列噪声。

(2) 干扰源的传播 干扰源的传播又称为耦合,主要有以下 6 种耦合方式:

① 直接耦合方式。即干扰信号直接经过线路传导到工作电路中。例如,干扰信号经过电源线进入 PLC 电控系统,是最常见的直接耦合现象。

② 公共阻抗耦合方式。即噪声源与信号源具有公共阻抗时的传导耦合。

③ 电容耦合方式。即电位变化在干扰源与干扰对象之间引起的静电感应,如组件之间、导线之间、导线与组件之间存在的分布电容所引起的噪声传导通路。

④ 电磁感应耦合方式。交变电流在载流导体周围产生磁场,会对周围的闭合电路产生感应电动势。

⑤ 辐射耦合方式。当高频电流流过导体时,在该导体周围便产生高频交变的电力线或磁力线,从而形成电磁波。

⑥ 漏电耦合方式。当相邻的组件或导线之间的绝缘阻抗降低时,有些信号便经过绝缘电阻耦合到逻辑组件的输入端形成干扰。

无论何种干扰源,一般是通过传导和直接辐射两种途径进入 PLC 电控系统中的。例如,通过容性耦合或感性耦合把电磁场干扰直接辐射到 PLC 电控系统中,通过输入/输出信号线、电源线和地线,再把干扰传导到 PLC 电控系统中。

2. 抗干扰措施

(1) 串模干扰的抵制措施 若串模干扰频率比被测信号频率高,则采用低通滤波器来抑制高频串模干扰。如果串模干扰频率比被测频率低,则采用高通滤波器来抑制低频率串模干扰。如果干扰频率处于被测信号频谱的两侧,则使用带通滤波器较为适宜。若尖峰型串模干扰成为主要干扰源,系统对采样速率要求不高时,使用双斜率积分式模/数转换器可削弱串模干扰的影响。

当电磁感应成为串模干扰的主要干扰源时,对被测信号应尽可能早地进行前置放大,或尽可能早地完成模/数转换,或采用隔离和屏蔽等措施。如果串模干扰的变化速度与被测信号相当,则应消除产生串模干扰的根源,并在软件中使用复合数字滤波技术。

(2)共模干扰的抑制措施 共模干扰的抑制可采用变压器或光电耦合器把各种模拟信号与数字信号隔离开来,也就是把"模拟地"与"数字地"断开。也可采用浮空输入和屏蔽放大器抑制共模干扰,使用差分输入前置放大器、仪表放大器、精密线性稳压电源等也有利于提高共模抑制比。PLC系统处理模拟量时,选用隔离型模拟量输入模块和差动输入方式,一般可以抑制共模干扰。

(3)电源回路的抗干扰措施 如果PLC有模拟量信号,可选用高稳定性、低纹波的线性电源为模拟量模块供电,配置隔离变压器、电源滤波器降低电源回路的干扰。大多数PLC系统和电机设备并存,将电机电缆和信号线分开铺设和穿管,可减小动力电源回路对信号回路的干扰。

(4)信号的长距离传送 对于开关量信号,如果触点信号距离PLC系统较远,应使用有源传送,并用AC 220 V或DC 48 V驱动输入从动继电器。对于模拟量信号,应使用双绞屏蔽线传送4~20 mA电流信号或以现场总线方式进行传送。

(5)软件措施 对于开关量信号,使用定时器进行延时滤波,确保输入信号的有效性和跳变的有效性;对于模拟量信号,可加长模块提供的滤波时间常数或设计相应的数字滤波程序。

3. PLC电控系统的接地技术

良好的接地处理有利于抑制干扰信号和稳定PLC电控系统的工作状态,接地处理不当则可能导致系统工作异常,甚至根本不能工作。有的PLC系统对接地要求极为严格。系统的接地按其性质,可分为安全接地、工作接地和屏蔽接地3种。

(1)安全接地 主要有两种方法:

① 保护接地。将电气设备的金属外壳与大地之间用良好的金属连接,接地电阻越小越好。

② 保护接零。在低压三相四线制中,如果变压器二次侧的中性点接地则称为零点,这时由中性点引出的线称为零线。如果将电气设备直接接地,则要求接地电阻小于1 Ω。但小于1 Ω的接地电阻在实际中很难实现,因此,一般将电气设备直接接到零线,以达到接零保护的目的。

(2)工作接地 主要有3种方法:

① 浮地方式。PLC电控系统及其电气装置的整个地线与大地之间无导体连接,则称为浮地方式。在浮地方式中,如果系统对地的电阻很大,对地的分布电容很小,则系统由外界共模干扰引起的干扰电流就很小。但是,大系统一般对地存在较大的分布电容,很难实现真正的对地悬浮,当系统的基准电位受到干扰导致不稳定时,将通过对地分布电容产生电流,从而导致设备不能正常工作。

② 直接接地方式。这种接地方式的优缺点与浮地方式正好相反。当控制设备对地存在很大的分布电容时,只要选择合理的接触点,就可抑制分布电容对系统的影响。

③ 电容接地方式。经过电容器将工作地与大地相连。这种接地方式对高频干扰分量提供对地通道,抑制分布电容的影响;对低频信号或直流信号,则近似于浮地方式。

（3）屏蔽接地　主要有 3 种方法：

① 信号电缆屏蔽层接地。如果信号源侧存在较大的共模噪声时，则应该在信号源侧将屏蔽层接地，这是常用的屏蔽层接地方式；如果信号源侧的共模噪声信号不大，信号源侧又不便于接地，则可考虑在信号接收侧将屏蔽层接地；如果信号源侧的共模噪声信号不大，且地线电流可忽略不计，仅用屏蔽层抑制外界干扰，则可考虑在信号线两端将屏蔽层接地。

② 双控线接地。当双绞线的一根用作信号线，另一根用作屏蔽线（地线）时，干扰电压在两根导线上产生的感应电流的方向相反，感应磁通引起的噪声电流互相抵消，故应采用两端接地方式。

③ 变压器屏蔽层接地。电源变压器的静电屏蔽层应接保护地。具有双重屏蔽的电源变压器的一次绕组的屏蔽层接保护地，二次绕组的屏蔽层接屏蔽地线。

（4）接地注意事项

① 安全接地均采用一点接地方式。工作接地有一点接地和多点接地两种。

② 接地线尽可能粗，最好用接地网或接地铜板，确保接地电阻很小。

③ 将模拟地和数字地分别通过各自的接地点接入大地。模拟信号的各接地点应通过同一个铜板接入大地。

1.5　PLC 控制系统的安装与配线

1.5.1　PLC 控制系统的安装

（1）安装方式　PLC 控制系统的安装方法有两种：底板安装和 DIN 导轨安装。底板安装是利用 PLC 机体外壳 4 个角上的安装孔，用螺钉将其固定在底版上。DIN 导轨安装是利用模块上的 DIN 夹子，把模块固定在一个标准的 DIN 导轨上。导轨安装既可以水平安装，也可以垂直安装。

（2）安装环境　PLC 适用于工业现场，为了保证其工作的可靠性，延长 PLC 的使用寿命，安装时要注意周围环境条件：环境温度在 0～55℃ 范围内；相对湿度在 35%～85% 范围内（无结霜），周围无易燃或腐蚀性气体、过量的灰尘和金属颗粒；避免过度的震动和冲击；避免太阳光的直射和水的溅射。

（3）安装注意事项　除了环境因素，安装时还应注意：PLC 的所有单元都应在断电时安装、拆卸；切勿将导线头、金属屑等杂物落入机体内；模块周围应留出一定的空间，以便于机体周围的通风和散热。此外，为了防止高电子噪声对模块的干扰，应尽可能将 PLC 模块与产生高电子噪声的设备（如变频器）分隔开。

1.5.2　PLC 控制系统的配线

PLC 控制系统的配线主要包括电源接线、接地、I/O 接线及对扩展单元的接线等。

1. 电源接线与接地线

PLC 的工作电源有 120/230 V 单相交流电源和 24 V 直流电源两种。系统的大多数干扰往往通过电源进入 PLC,在干扰强或可靠性要求高的场合,动力部分、控制部分、PLC 自身电源及 I/O 回路的电源应分开配线,用带屏蔽层的隔离变压器给 PLC 供电。隔离变压器的一次侧最好接 380 V,可以避免接地电流的干扰。输入用的外接直流电源最好采用稳压电源,因为整流滤波电源有较大的波纹,容易引起误动作。

良好的接地是抑制噪声干扰和电压冲击、保证 PLC 可靠工作的重要条件。PLC 系统接地的基本原则是单点接地,一般用独自的接地装置,单独接地,接地线应尽量短,一般不超过 20 m,使接地点尽量靠近 PLC。

2. I/O 接线和对扩展单元的接线

PLC 的输入接线是指外部开关设备与 PLC 的输入端口的连接线。输出接线是指将输出信号通过输出端子送到受控负载的外部接线。

I/O 接线时应注意:I/O 线与动力线、电源线应分开布线,并保持一定的距离,如需在一个线槽中布线时,须使用屏蔽电缆;I/O 线的距离一般不超过 300 m;交流线与直流线、输入线与输出线应分别使用不同的电缆;数字量和模拟量 I/O 应分开走线,传送模拟量 I/O 线应使用屏蔽线,且屏蔽层应一端接地。

PLC 的基本单元与各扩展单元的连接比较简单,接线时,先断开电源,将扁平电缆的一端插入对应的插口即可。PLC 的基本单元与各扩展单元之间电缆传送的信号小、频率高且易受干扰。因此,不能与其他连线铺设在同一线槽内。

1.6　PLC 控制系统的调试

在 PLC 控制系统投入运行前,一般先作模拟调试。模拟调试可以通过仿真软件代替 PLC 硬件,在计算机上调试程序。如果有 PLC 的硬件,可以用小开关和按钮模拟 PLC 的实际输入信号(如起动、停止信号)或反馈信号(如限位开关的接通或断开),再通过输出模块上各输出位对应的指示灯,观察输出信号是否满足设计的要求。需要模拟量信号 I/O 时,可用电位器和万用表配合进行。在编程软件中,可以用状态图或状态图表监视程序的运行或强制控制某些编程元件。

硬件部分的模拟调试主要是对控制柜或操作台的接线进行测试。可在操作台的接线端子上模拟 PLC 外部的开关量输入信号,或操作按钮的指令开关,观察对应 PLC 输入点的状态。用编程软件将输出点强制置 ON/OFF,观察对应的控制柜内 PLC 负载(指示灯、接触器等)的动作是否正常,或对应的接线端子上的输出信号的状态变化是否正确。

在进行联机调试时,先仔细检查 PLC 外部设备的接线是否正确和可靠,各个设备的工作电压是否正常,包括电源的输出电压和各个设备管脚上的工作电压。在确认一切正常后,就可以将程序送入存储器中进行总调试,直到各部分的功能都正常工作,并且能协调一致成为一个正确的整体控制为止。如果在调试过程中发现什么问题或达不到某些指标,则要对硬件和软件的设计作出调整。全部调试完成后,将控制程序保存在有记忆功能的 EPROM 或 E²PROM 中。调试时,主电路一定要断电,只对控制电路进行联机调试。

1.7 PLC 控制系统的自动检测功能及故障诊断

PLC 具有很完善的自诊断功能,如出现故障,借助自诊断程序可以方便地找到出现故障的部件,更换后就可以恢复正常工作。故障处理的方法可参看系统手册的故障处理指南。实践证明,外部设备的故障率远高于 PLC,而这些设备故障时,PLC 不会自动停机,使故障范围扩大。为了及时发现故障,可用梯形图程序实现故障的自诊断和自处理。

1. 超时检测

机械设备在各工步所需的时间基本不变,因此可以用时间为参考,在 PLC 发出信号,相应的外部执行机构开始动作时,起动一个定时器开始计时,定时器的设定值比正常情况下该动作的持续时间长 20% 左右。例如某执行机构在正常情况下运行 10 s 后,使限位开关动作,发出动作结束的信号。在该执行机构开始动作时起动设定值为 12 s 的定时器定时,若 12 s 后还没有收到动作结束的信号,由定时器的常开触点发出故障信号,该信号停止正常的程序,起动报警和故障显示程序,使操作人员和维修人员能迅速判别故障的种类,及时采取排除故障的措施。

2. 逻辑错误检查

在系统正常运行时,PLC 的输入、输出信号和内部的信号(如存储器的状态)相互之间存在着确定的关系,如出现异常的逻辑信号,则说明出了故障。因此可以编制一些常见故障的异常逻辑关系,一旦异常逻辑关系为 ON 状态,就应按故障处理。例如,机械运动过程中先后有两个限位开关动作,这两个信号不会同时接通。若它们同时接通,说明至少有一个限位开关卡死,应停机处理。在梯形图中,用这两个限位开关对应的存储器的位的常开触点串联,驱动一个表示限位开关故障的存储器的位就可以进行检测。

3. 故障检查流程图

下面以 FX 系列 PLC 为例,给出 PLC 在运行中出现故障时的检查流程图。

(1)总体检查 总体检查用于判断故障的大致范围,为进一步详细检查作前期工作,如图1.12所示。

(2)电源故障检查 如果在总体检查时,发现电源指示灯不亮,则需进行电源检查,如图 1.13 所示。

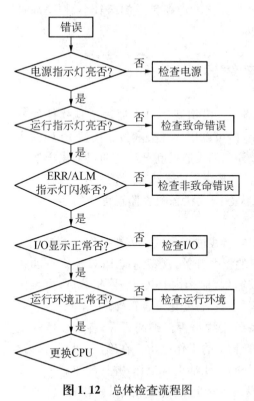

图 1.12 总体检查流程图

(3)致命错误检查 当出现致命错误时,如果电源指示灯亮,则按图1.14所示流程检查。

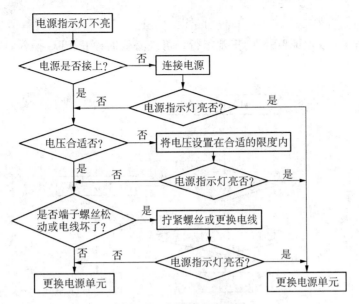

图 1.13 电源检查流程图

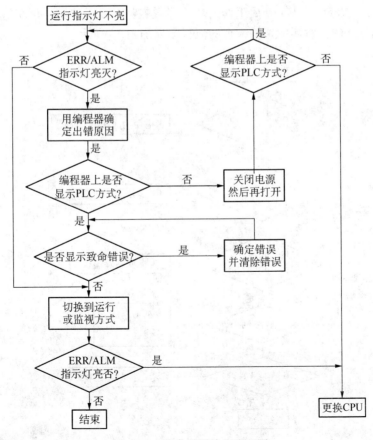

图 1.14 致命错误检查流程图

（4）非致命错误检查　在出现非致命错误时，虽然 PLC 会继续运行，但是应尽快查出错误原因并加以排除，以保证 PLC 的正常运行。可在必要时停止 PLC 操作，以排除某些非致命错误。非致命错误检查流程如图 1.15 所示。

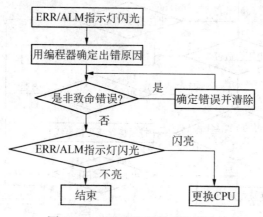

图 1.15　非致命错误检查流程图

（5）环境条件检查　影响 PLC 工作的环境因素主要有温度、湿度和噪声等，各种因素对 PLC 的影响是独立的。对环境条件检查的流程图如图 1.16 所示。

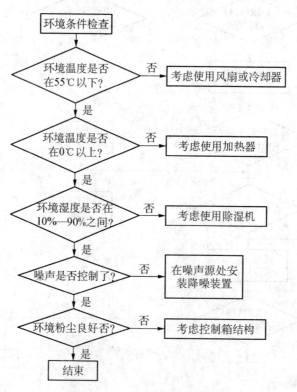

图 1.16　环境条件检查流程图

1.8 PLC 控制系统的维护与检修

虽然 PLC 的故障率很低,由 PLC 构成的控制系统可以长期稳定、可靠地工作,但对它进行维护和检查是必不可少的。一般每半年应对 PLC 系统进行一次周期性检查。检修内容包括以下几方面。

(1) 供电电源　查看 PLC 的供电电压是否在标准范围内。其中,交流电源工作电压的范围为 $85\sim264$ V,直流电源电压应为 24 V。

(2) 环境条件　查看控制柜内的温度是否在 $0\sim55℃$ 范围内,相对湿度在 $35\%\sim85\%$ 范围内,以及无粉尘、铁屑等积尘。

(3) 安装条件　连接电缆的连接器是否完全插入旋紧,螺钉是否松动,各单元是否可靠固定、有无松动。

(4) I/O 端电压　均应在工作要求的电压范围内。

第二部分

三菱 FX2N 系列 PLC 实践项目

2.1 项目1 三相异步电动机的 PLC 控制

项目任务要求

用户目标:设计制作一套三相异步电动机的启动与停止控制装置。

用户要求:三相异步电动机为鼠笼式电动机,交流 380 V 电源供电,转速小于 2 000 r/min, 手动控制。

项目分析

该项目任务属于典型的逻辑控制,选用三菱 FX2N 系列 PLC 作为三相异步电动机的控制核心。采用 Y-△降压启动,启动按钮与停止按钮各一个,控制电机运行的接触器的线圈作为 PLC 的控制对象。

相关知识

2.1.1 FX2N 系列 PLC 基本单元的外形结构

FX2N 系列 PLC 的外形如图 2.1 所示。

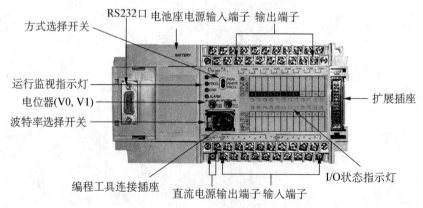

图 2.1 FX2N 系列 PLC 的外形图

该系列 PLC 主要是通过输入端子和输出端子与外部控制电器联系。输入端子连接外部的输入元件,如按钮、控制开关、行程开关、接近开关、热继电器接点、压力继电器接点和数字开关等。输出端子连接外部的输出元件,如接触器、继电器线圈、信号灯、报警器、电磁阀和电动机等。为了反映输入和输出的工作状态,PLC 设置了输入与输出信号灯,为观察 PLC 的工作状态提供了方便。

另外,FX2N 系列 PLC 上还设置有 4 个指示灯,以显示 PLC 的电源、运行/停止、内部电池电压、CPU 和程序的工作状态。

2.1.2　FX2N 系列 PLC 的主要型号

1. 主要型号

FX2N 系列 PLC 按品种可分为基本单元、扩展单元、扩展模块和特殊扩展模块,其主要型号见表 2.1 和 2.2。

表 2.1　基本单元一览表

I/O 点数	输入 点数	输出 点数	FX2N 系列 PLC		
			AC 电源,DC 输入		
			继电器输出	晶闸管输出	晶体管输出
16	8	8	FX2N - 16MR - 001	FX2N - 16MS - 001	FX2N - 16MT - 001
32	16	16	FX2N - 32MR - 001	FX2N - 32MS - 001	FX2N - 32MT - 001
48	24	24	FX2N - 48MR - 001	FX2N - 48MS - 001	FX2N - 48MT - 001
64	32	32	FX2N - 64MR - 001	FX2N - 64MS - 001	FX2N - 64MT - 001
80	40	40	FX2N - 80MR - 001	FX2N - 80MS - 001	FX2N - 80MT - 001
128	64	64	FX2N - 128MR - 001		FX2N - 128MT - 001

表 2.2　扩展单元一览表

I/O 点数	输入 点数	输出 点数	AC 电源,DC 输入		
			继电器输出	晶闸管输出	晶体管输出
32	16	16	FX2N - 32ER	FX2N - 32ES	FX2N - 32ET
48	24	24	FX2N - 48ER		FX2N - 48ET

基本单元由内部电源、内部输入与输出、内部 CPU 和内部存储器组成,只有基本单元可单独使用,I/O 点数不够可进行扩展。

扩展单元由内部电源和内部 I/O 组成,必须与基本单元一起使用。

扩展模块由内部 I/O 组成,不带电源,电源由基本单元和扩展单元提供,必须与基本单元一起使用。

特殊扩展模块是一些特殊用途的装置,主要用于通信、连接和模拟量设定等,如模拟量 I/O、高速计数及接口模块等。

2. 型号含义

日本三菱公司的 FX 系列 PLC 基本单元和扩展单元的型号由字母和数字组成,其格式为 FX□-□□□□,其中方框的含义如图 2.2 所示。

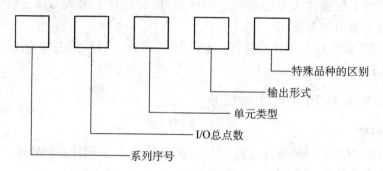

特殊品种的区别
输出形式
单元类型
I/O总点数
系列序号

图 2.2 FX 系列 PLC 型号命名的基本格式

(1) 系列序号   0,1N,2,2C,如 FX1N, FX2, FX1, FX0N。

(2) I/O 总点数   4~256。

(3) 单元类型   M 为该模块为基本单元;E 为输入、输出混合扩展单元或扩展模块;EX 为输入扩展模块;EY 为输出扩展模块。

(4) 输出形式   R 为继电器输出;S 为双向晶闸管输出;T 为晶体管输出。

(5) 特殊品种区别   D 为直流电源,直流输入;A 为交流电源,交流输入或交流输入模块;S 为独立端子扩展模块;H 为大电流输出扩展模块;V 为立式端子排的扩展模块;F 为输入滤波器 1 ms 的扩展模块;L 为 TTL 输入型扩展模块;C 为接插口输入输出方式。

例如,FX2N-48MR 表示 FX2N 系列,I/O 总点数为 48 个,该模块为基本单元,采用继电器输出。

3. 主要特点

FX2N 系列 PLC 是 FX 系列中最高档次的超小型 PLC,具有以下特点。

(1) 系统配置既固定又灵活   可进行 16~256 点的灵活输入/输出组合,并可连接扩展模块。

(2) 编程简单,指令丰富   FX2N 系列 PLC 的功能指令丰富,有高速处理指令、数据处理指令和特殊用途指令等。

(3) 品种丰富   可选用 16/32/48/64/80/128/点的主机,可以采用最小 8 点的扩展模块进行扩展,也可根据电源及输出形式自由选择。

(4) 高性能   内置程序容量 8 000 步,最大可扩充至 16 k 步,还可输入注解,并有丰富的软组件。

(5) 运算速度快   一条指令的运行时间,基本指令只需 0.08 μs,功能指令在 1.52 μs 至几百微秒之间。

(6) 多种特殊用途   FX2N 系列 PLC 中,一台基本单元最多可连接 8 块扩展模块或扩展功能模块,连接相关特殊功能模块后,可应用在模拟控制和定位控制等特殊场合。

(7) 与外部设备通信简单　一台 FX2N 系列 PLC 主机可安装一个功能扩展模块,即可实现 PLC 之间的简单通信。

(8) 外设共享　可共享 FX 系列的外部设备。

2.1.3　FX2N 系列 PLC 编程软组件

PLC 内部有很多由电子电路和存储器组成的具有不同功能的器件,称为软组件,即PLC 中可以被程序使用的所有功能性器件。可以将各个软组件理解为具有不同功能的内存单元,对这些单元进行读写操作。

FX2N 系列 PLC 中的软组件有输入继电器 X、输出继电器 Y、辅助继电器 M、状态组件S、指针 P/I、常数 K/H、定时器 T、计数器 C、数据寄存器 D 和变址寄存器 V/Z。

1. 输入/输出继电器

(1) 输入继电器 X　输入继电器与 PLC 的输入端相连,它的表示符号为"X"。输入继电器的外部物理特性相当于一个开关量的输入点,称为输入接点。外接开关的两个接线点中,一个接到输入接点上,另一个接在输入端的公共接点 COM 上。输入继电器只有两种状态:当外接的开关闭合时为 ON 状态,开关断开时为 OFF 状态。在使用中,既可以用输入继电器的常开接点,也可以用其常闭接点。在 ON 状态,其常开接点闭合,常闭接点断开;在OFF 状态,则相反。

这里要特别注意的是:

① 输入继电器必须由外部信号驱动,而不能用程序驱动,即输入继电器的状态不能用程序改变。

② 输入继电器的地址编码采用八进制。

(2) 输出继电器 Y　输出继电器的外部输出接点连接到 PLC 的输出端子上,它的表示符号为"Y"。输出继电器的外部物理特性相当于一个接触器的触点,称为输出接点。输出继电器 Y 有两种状态,即得电状态和失电状态,其状态受程序控制。与输入接点一样,输出接点的地址编码也是八进制的。必须注意的是,输出继电器的初始状态为断开状态,即失电状态。

2. 辅助继电器

PLC 内部有许多辅助继电器,它的表示符号是"M"。辅助继电器的功能相当于各种中间继电器,可以由其他各种软组件驱动,也可以驱动其他软组件。辅助继电器有常开和常闭两种接点,只有 ON 和 OFF 两种状态,不能驱动外部负载。

辅助继电器的接点使用和输入继电器类似,在 ON 状态下,其常开接点闭合,常闭接点断开;在 OFF 状态下,常开接点断开,常闭接点闭合。

常用的辅助继电器有以下几种。

(1) 通用辅助继电器　通用辅助继电器按十进制地址编码,M0～M499,共 500 点。

(2) 断电保持辅助继电器　PLC 在运行中如发生停电,输出继电器和通用辅助继电器全变为断开状态。上电后,除了PLC运行时被外部输入信号接通的以外,其他仍断开。断电保持辅助继电器能保持断电瞬间的状态,是由PLC内装锂电池支持的。FX2N系列PLC有M500～M1023共524个断电保持用辅助继电器,此外,还有M1024～M3071共2 048个断电保持专用辅助继电器。它与断电保持用辅助继电器的区别在于:断电保持用辅助继电器的状态可由参数改变,而断电保持专用辅助继电器的状态不能由参数改变。

(3)特殊辅助继电器　FX2N系列PLC有M8000～M8255共256个特殊辅助继电器,这些特殊辅助继电器各自具有特定的功能,通常分为两大类:

① 只能利用其接点的特殊辅助继电器。线圈由PLC自动驱动,用户只能利用其接点。例如,M8000为运行监控用,PLC运行时M8000接通;M8002为仅在运行开始瞬间接通的初始脉冲特殊辅助继电器;M8012为产生100 ms时钟脉冲的辅助继电器。

② 可驱动线圈型特殊辅助继电器。用户激励线圈后,PLC作特定动作。例如,M8030为锂电池电压指示特殊辅助继电器,当锂电池电压下降时,M8030动作,指示灯亮;M8033为PLC停止时,输出保持的特殊辅助继电器。

3. 状态组件 S

状态组件S是构成状态转移图的重要软组件,FX2N系列PLC的状态组件共有1 000点,分为5类,即初始状态器、回零状态器、通用状态器、保持状态器和报警用状态器。

4. 指针 P/I 与常数 K/H

(1)指针P/I　FX2N系列PLC的指令中允许使用两种标号:一种为P标号,用于子程序调用或跳转;另一种为I标号,用于中断服务程序的入口地址。

其中,P标号有64个。I标号有9个,其中I0□□～I5□□共6个用于外中断,表示由输入继电器X0～X5引起的中断,表2.3是12种外中断方式的说明;余下的3个,I6□□～I8□□用于内中断,表示由内部定时器引起的中断。

表2.3　12种外中断方式

序号	I标号形式	外中断方式的说明
1	I000	输入继电器X0下降沿引起中断
2	I001	输入继电器X0上升沿引起中断
3	I100	输入继电器X1下降沿引起中断
4	I101	输入继电器X1上升沿引起中断
5	I200	输入继电器X2下降沿引起中断
6	I201	输入继电器X2上升沿引起中断
7	I300	输入继电器X3下降沿引起中断
8	I301	输入继电器X3上升沿引起中断
9	I400	输入继电器X4下降沿引起中断
10	I401	输入继电器X4上升沿引起中断
11	I500	输入继电器X5下降沿引起中断
12	I501	输入继电器X5上升沿引起中断

（2）常数 K/H　常数也作为器件对待，它在存储器中占有一定的空间，PLC 最常用的有两种常数，一种是以 K 表示的十进制数，一种是以 H 表示的十六进制数。例如，K45 表示十进制的 45；H20 表示十六进制的 20，对应十进制的 32。常数一般用于定时器、计数器的设定值或数据操作。

PLC 中的数据全部是以二进制表示的，最高位是符号位，0 表示正数，1 表示负数。

5. 定时器 T

定时器在 PLC 中的作用相当于一个时间继电器，它有一个设定值寄存器、一个当前值寄存器，以及无限个接点。定时器按特性可分为两类。

（1）通用定时器（T0～T245）　T0～T199 共 200 个定时器的定时时间为 100 ms，T200～T245 共 46 个定时器的定时时间为 10 ms。

（2）累计定时器（T246～T255）　累计定时器又称积算定时器，也有两种，一种是 1 ms 累计定时器，另一种是 100 ms 累计定时器。

6. 计数器 C

FX2N 系列 PLC 的计数器按特性的不同可分为 5 种，分别是增量通用计数器、断电保持式增量通用计数器、通用双向计数器、断电保持式双向计数器和高速计数器。

计数器的功能就是对指定输入端子上的输入脉冲或其他继电器逻辑组合的脉冲进行计数。达到计数的设定值时，计数器的接点动作。输入脉冲一般要求具有一定的宽度，计数发生在输入脉冲的上升沿。每个计数器都有一个常开接点和一个常闭接点，可以无限次引用。

7. 数据寄存器 D

在进行输入/输出处理、模拟量控制和位置控制时，需要许多数据寄存器和参数。数据寄存器主要用于存储中间数据或存储需要变更的数据。每个数据的长度为 16 位二进制，最高位是符号位。根据需要也可将两个数据寄存器合并为一个 32 位字长的数据寄存器，最高位是符号位，两个寄存器的地址必须相邻，写出的数据寄存器地址是低位字节，比该地址大一个数的单元为高字节。

按照数据寄存器特性的不同可分为通用数据寄存器、断电保持数据寄存器、特殊用途数据寄存器和文件寄存器 4 种。

2.1.4　FX2N 系列 PLC 基本逻辑指令

1. 逻辑取与输出线圈驱动指令 LD，LDI，OUT

（1）指令用法　具体用法如下：

① LD（取）：常开接点与母线连接指令。

② LDI（取反）：常闭接点与母线连接指令。

③ OUT（输出）：线圈驱动指令，用于将逻辑运算的结果驱动一个指定的线圈。

逻辑取与输出线圈驱动指令的助记符、功能、梯形图和程序步等指令要素，见表 2.4。

表 2.4　逻辑取与输出线圈驱动指令

助记符名称	操作功能	梯形图与目标组件	程序步
LD(取)	常开接点 运算开始	XYMSTC	1
LDI(取反)	常闭接点 运算开始	XYMSTC	1
OUT(输出)	线圈驱动	YMSTC	YM:1 S,特 M:2 T,C16 位:3 C32 位:5

（2）指令说明　具体说明如下：

① LD 和 LDI 指令用于接点与母线相连。在分支开始处，这两条指令还作为分支的起点指令，与后述的 ANB 与 ORB 指令配合使用。操作目标组件为 X，Y，M，T，C，S。

② OUT 指令用于驱动输出继电器、辅助继电器、定时器、计数器、状态继电器和功能指令，但是不能用来驱动输入继电器，其目标组件为 Y，M，T，C，S 和功能指令线圈 F。

③ OUT 指令可以并行输出，在梯形图中相当于线圈是并联的，但输出线圈不能串联使用。

④ 在对定时器和计数器使用 OUT 指令后，必须设置时间常数 K 或指定数据寄存器的地址。时间常数 K 的设定要占用一步。

表 2.5 给出了时间常数 K 的设定值范围与对应的时间实际设定值范围，还给出了以 T，C 为目标组件时 OUT 指令所占的步数。

表 2.5　定时器/计数器时间常数 K 的设定

定时器/计数器	时间常数 K 的范围	实际设定值的范围	步数
1 ms	1～32 767	0.001～32.767 s	3
10 ms		0.01～327.67 s	3
100 ms		0.1～3 276.7 s	3
16 位计数器	1～32 767	1～32 767	3
32 位计数器	−2 147 483 648～+2 147 483 647	−2 147 483 648～+2 147 483 647	5

例 2.1　阅读图 2.3 中的梯形图，试解答：

（1）写出图 2.3 中的梯形图所对应的指令表；

（2）指出各指令的步序，并计算程序的总步数；

（3）计算定时器 T1 的定时时间。

解：

（1）其指令表见表 2.6。

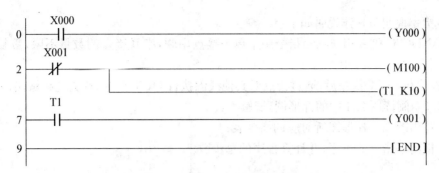

图 2.3 LD，LDI 和 OUT 指令应用举例

表 2.6 对应图 2.3 梯形图的指令表

步序	操作码	操作数	说　明
0	LD	X000	将 X000 常开接点与母线相连
1	OUT	Y000	驱动线圈 Y000
2	LDI	X001	将 X001 的常闭接点与母线相连
3	OUT	M100	驱动线圈 M100
4	OUT	T1	驱动定时器线圈 T1
		K10	设定定时时间 1 s
7	LD	T1	将 T1 常开接点与母线相连
8	OUT	Y001	驱动线圈 Y001
9	END		逻辑行结束

（2）查阅表 2.4 相关指令的程序步可知，除了定时器输出指令"OUT T1 K10"为 3 步外，其余指令均为 1 步，所以总的程序步为 10 步。

（3）由于 T1 是 100 ms 定时器，所以 T1 定时时间为 $10 \times 0.1 = 1$ s。

2. 接点串联指令 AND，ANI

（1）指令用法　具体用法如下：

① AND（与）：常开接点串联指令。

② ANI（与非）：常闭接点串联指令。

接点串联指令的助记符、功能、梯形图和程序步等指令要素，见表 2.7。

表 2.7 接点串联指令

助记符名称	操作功能	梯形图与目标组件	程序步
AND（与）	常开接点串联连接	XYMSTC	1
ANI（与非）	常闭接点串联连接	XYMSTC	1

（2）指令说明　具体说明如下：

① AND（与）和ANI（与非）指令用于单个接点串联，串联接点的数量不限，重复使用指令次数不限。操作目标组件为X，Y，M，T，C，S。

② 在执行OUT指令后，通过接点对其他线圈执行OUT指令，称为连续输出。

例2.2　阅读图2.4中的梯形图，试解答：

（1）写出图2.4梯形图所对应的指令表；

（2）指出各指令的步序，并计算程序的总步数。

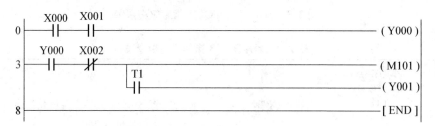

图2.4　AND与ANI指令应用举例

解：

（1）按照从梯形图转换成指令表的方法，从上而下、自左向右依次进行转换，得到对应的指令见表2.8。

表2.8　对应图2.4梯形图的指令表

步序	操作码	操作数	说　明
0	LD	X000	将X000常开接点与母线相连
1	AND	X001	串联常开接点X001
2	OUT	Y000	驱动线圈Y000
3	LD	Y000	将Y000常开接点与母线相连
4	ANI	X002	串联常闭接点X002
5	OUT	M101	驱动线圈M101
6	AND	T1	串联常开接点T1
7	OUT	Y001	驱动线圈Y001
8	END		逻辑行结束

（2）查阅表2.4和表2.7相关指令的程序步可知，各指令均为1步，所以总的程序步为9步。

3. 接点并联指令OR, ORI

（1）指令用法　具体用法如下：

① OR（或）：常开接点并联指令。

② ORI（或非）：常闭接点并联指令。

当梯形图的控制线路由几个接点并联组成时,要用接点并联指令,并联常开用 OR 指令,常闭用 ORI 指令。接点并联指令的助记符、功能、梯形图和程序步等指令要素,见表 2.9。

表 2.9　接点并联指令

助记符名称	操作功能	梯形图与目标组件	程序步
OR(或)	常开接点并联连接	XYMSTC	1
ORI(或非)	常闭接点并联连接	XYMSTC	1

(2) 指令说明　具体说明如下:

① OR 和 ORI 指令引起的并联,是从 OR 和 ORI 一直并联到前面最近的 LD 和 LDI 指令上,并联的数量不受限制。操作目标组件为 X, Y, M, T, C, S。

② OR 和 ORI 指令只能用于单个接点的并联连接,若要将两个或两个以上的接点串联而成的电路块并联,则要用到后述的 ORB 指令。

例 2.3　阅读图 2.5 中的梯形图,试解答:

(1) 写出图 2.5 中的梯形图所对应的指令表;

(2) 写出各指令的步序,并计算程序的总步数。

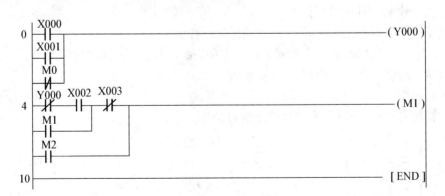

图 2.5　并联指令举例

解:

(1) 对应的指令表见表 2.10。

表 2.10　对应图 2.5 的指令表

步序	指令		步序	指令		步序	指令	
0	LD	X000	4	LDI	Y000	8	OR	M2
1	OR	X001	5	AND	X002	9	OUT	M1
2	ORI	M0	6	OR	M1	10	END	
3	OUT	Y000	7	ANI	X003			

（2）查阅表 2.9 和前述相关指令的程序步可知，各指令均为 1 步，所以总的程序步为 11 步。

4. 串联电路块的并联指令 ORB

（1）指令用法　具体用法如下：

ORB（串联电路块或）：将两个或两个以上串联电路块并联连接的指令。

两个以上接点串联的电路，称作串联电路块。串联电路块并联连接时，在支路始端用 LD 和 LDI 指令，在支路终端用 ORB 指令。串联电路块并联指令的助记符、功能、梯形图和程序步等指令要素，见表 2.11。

表 2.11　串联电路块的并联指令

助记符名称	操作功能	梯形图与目标组件	程序步
ORB（块或）	串联电路块的并联连接	无	1

（2）指令说明　具体说明如下：

① ORB 指令不带操作数，其后不跟任何软组件编号。

② 多重并联电路中，若每个串联块都用 ORB 指令，则并联电路数不受限制。

例 2.4　阅读图 2.6 中的梯形图，试解答：

（1）写出图 2.6 中的梯形图所对应的指令表；

（2）指出各指令的步序，并计算程序的总步数。

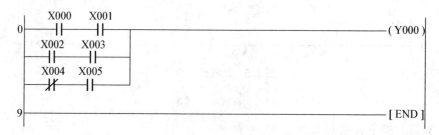

图 2.6　ORB 指令举例

解：

(1) 对应的指令表见表 2.12。

表 2.12 对应图 2.6 的指令表

步序	指令		步序	指令		步序	指令	
0	LD	X000	4	ORB		8	OUT	Y000
1	AND	X001	5	LDI	X004	9	END	
2	LD	X002	6	AND	X005			
3	AND	X003	7	ORB				

(2) 查阅表 2.11 和前述相关指令的程序步可知,各指令均为 1 步,所以总的程序步为 10 步。

5. 并联电路块的串联指令 ANB

(1) 指令用法 ANB(并联电路块与):将并联电路块的始端与前一个电路串联连接的指令。

两个以上接点并联的电路,称为并联电路块。并联电路块串联连接时,要用 ANB 指令。在与前一个电路串联时,用 LD 与 LDI 指令作分支电路的始端,分支电路的并联电路块完成后,用 ANB 指令来完成两电路的串联。

并联电路块串联指令的助记符、功能、梯形图和程序步等指令要素,见表 2.13。

表 2.13 并联电路块的串联指令

助记符名称	操作功能	梯形图与目标组件	程序步
ANB(块与)	并联电路块的串联连接	无	1

(2) 指令说明 具体说明如下:

① ANB 指令不带操作数,其后不跟任何软组件编号。

② 多个并联块电路中,若每个并联块都用 ANB 指令顺次串联,则并联电路数不受限制。

例 2.5 阅读图 2.7 中的梯形图,试解答:

(1) 写出图 2.7 中的梯形图所对应的指令表;

(2) 指出各指令的步序,并计算程序的总步数。

解：

(1) 对应的指令表见表 2.14。

(2) 查阅表 2.13 和前述相关指令的程序步可知,各指令均为 1 步,所以总的程序步为 12 步。

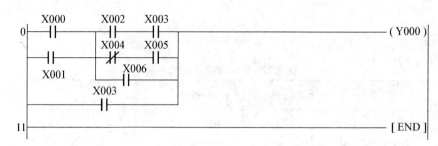

图2.7 ANB指令举例

表2.14 对应图2.7的指令表

步序	指令		步序	指令		步序	指令	
0	LD	X000	4	LDI	X004	8	ANB	
1	OR	X001	5	AND	X005	9	OR	X003
2	LD	X002	6	ORB		10	OUT	Y000
3	AND	X003	7	OR	X006	11	END	

6. 多重输出指令 MPS, MRD, MPP

（1）指令用法 具体用法如下：

① MPS(PUSH)：进栈指令。

② MRD(READ)：读栈指令。

③ MPP(POP)：出栈指令。

这组指令可将接点的状态先进行进栈保护，当后面需要接点的状态时，再出栈恢复，以保证与后面的电路正确连接。

多重输出指令的助记符、功能、梯形图和程序步等指令要素，见表2.15。

表2.15 多重输出指令

助记符名称	操作功能	梯形图与目标组件	程序步
MPS(进栈)	进栈		1
MRD(读栈)	读栈		1
MPP(出栈)	出栈		1

（2）指令说明 具体说明如下：

① PLC 中有 11 个可存储中间运算结果的存储器，它们是按照先进后出的原则进行存取的一段存储器区域。MPS, MRD, MPP 指令的操作如图2.8所示。

② 使用一次 MPS 指令，该时刻的运算结果就压入栈的第一个栈单元，即栈顶。再次使

用 MPS 指令时,当时的运算结果压入栈顶,而原先压入的数据依次向栈的下一个栈单元推移。

(3) 使用 MPP 指令,各数据依次向上一个栈单元传送。栈顶数据在弹出后,就从栈内消失。

(4) MRD 是栈顶数据的读出专用指令,但栈内的数据不发生下压或上托的传递。

(5) MPS,MRD,MPP 指令均不带显式的操作数,其后不跟任何软组件编号。

(6) MPS 和 MPP 应该成对出现,连续使用的次数应少于 11 次。

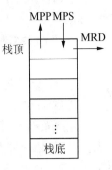

图 2.8　栈操作示意

例 2.6　阅读图 2.9 中一层堆栈的梯形图,试解答:

(1) 写出图 2.9 中的梯形图所对应的指令表;

(2) 指出各指令的步序,并计算程序的总步数。

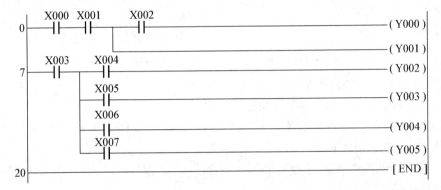

图 2.9　多重输出指令举例

解:

(1) 对应的指令表见表 2.16。

表 2.16　对应图 2.9 的指令表

步序	指令		步序	指令		步序	指令	
0	LD	X000	7	LD	X003	14	MRD	
1	AND	X001	8	MPS		15	AND	X006
2	MPS		9	AND	X004	16	OUT	Y004
3	AND	X002	10	OUT	Y002	17	MPP	
4	OUT	Y000	11	MRD		18	AND	X007
5	MPP		12	AND	X005	19	OUT	Y005
6	OUT	Y001	13	OUT	Y003	20	END	

(2) 查表 2.15 和前述相关指令的程序步可知,各指令均为 1 步,所以总的程序步为

21 步。

7. 置位与复位指令 SET, RST

（1）指令用法　具体用法如下：

① SET（置位）：置位指令。

② RST（复位）：复位指令。

这两条指令用于输出继电器 Y、状态继电器 S 和辅助继电器 M 等的置位与复位操作。使用 SET 和 RST 指令，可以在用户程序的任何地方对某个状态或事件设置标志和清除标志。

SET 和 RST 指令的助记符、功能、梯形图和程序步等指令要素，见表 2.17。

表 2.17　置位与复位指令

助记符名称	操作功能	梯形图与目标组件	程序步
SET（置位）	线圈得电保持	SET YMS	YM：1 S 特 M：2
RST（复位）	线圈失电保持	RST YMSTCD	STC：2 DVZ 特 D：3

（2）指令说明　具体说明如下：

① SET 和 RST 指令具有自保持功能。

② SET 和 RST 指令的使用没有顺序限制，并且 SET 和 RST 之间可以插入别的程序，但只在最后执行的一条才有效。

③ RST 指令可对数据寄存器 D 和变址寄存器 V，Z 进行清零操作，还可对定时器 T 和计数器 C 复位，使其当前值清零。

8. 脉冲输出指令 PLS, PLF

（1）指令用法　具体用法如下：

① PLS：微分输出指令，上升沿有效。

② PLF：微分输出指令，下降沿有效。

这两条指令用于目标组件的脉冲输出，当输入信号跳变时产生一个宽度为扫描周期的脉冲。PLS 和 PLF 指令的助记符、功能、梯形图和程序步等指令要素，见表 2.18。

表 2.18　脉冲输出指令

助记符名称	操作功能	梯形图与目标组件	程序步
PLS（升）	微分输出，上升沿有效	PLS YM 除特M	2
PLF（降）	微分输出，下降沿有效	PLF YM 除特M	2

（2）指令说明　具体说明如下：

① 使用 PLS 指令,组件 Y 和 M 仅在驱动输入接通后的一个扫描周期内动作。使用 PLF 指令,组件 Y 和 M 仅在驱动输入断开后的一个扫描周期内动作。

② 特殊继电器 M 不能用作 PLS 或 PLF 的目标组件。

9. 主控与主控复位指令 MC, MCR

（1）指令用法　具体用法如下：

① MC(主控):公共串联接点的连接指令(公共串联接点另起新母线)。

② MCR(主控复位):MC 指令的复位指令。

这两条指令分别设置主控电路块的起点和终点。MC 和 MCR 指令的助记符、功能、梯形图和程序步等指令要素,见表 2.19。

表 2.19　主控与主控复位指令

助记符名称	操作功能	梯形图与目标组件	程序步
MC(主控)	公共串联接点另起新母线	MC N YM N嵌套数：N0~N7	3
MCR(主控复位)	公共串联接点新母线解除	MCR N N嵌套数：N0~N7	2

（2）指令说明　具体说明如下：

① 执行 MC 指令后,母线移至 MC 接点,要返回原母线,用返回指令 MCR。MC/MCR 指令必须成对出现。

② 使用不同的 Y 和 M 组件号,可多次使用 MC 指令。但是,若使用同一软组件号,将同 OUT 指令一样,会出现双线圈输出。

③ MC 指令可嵌套使用,嵌套最多不要超过 8 级。

10. 空操作与程序结束指令 NOP, END

（1）指令用法　具体用法如下：

① NOP(空操作):空一条指令(或用于删除一条指令)。

② END(结束):程序结束指令。

在程序调试过程中,使用 NOP 和 END 指令会给用户带来方便。NOP 和 END 指令的助记符、功能、梯形图和程序步等指令要素,见表 2.20 所示。

表 2.20　NOP 和 END 指令

助记符名称	操作功能	梯形图与目标组件	程序步
NOP(空操作)	空操作	无	1
END(结束)	程序结束,返回 0 步	无 END	1

（2）指令说明　具体说明如下：

① 在程序中事先插入 NOP 指令，以备在修改或增加指令时，可使步进编号的更改次数减到最少。

② 用 NOP 指令来取代已写入的指令，可修改电路。

③ NOP 指令是一条空操作指令，CPU 不执行目标指令。

④ 执行程序全部清除后，全部指令都变成 NOP。

⑤ END 指令用于程序的结束，无目标操作数。

项目实施

1. 总体方案设计

总体设计方案应根据项目任务要求制定，主要内容包括技术路线、系统的结构、主要低压电器的选型及 PLC 的调试与验收标准等。在确定方案的基础上，编制项目实施计划并指导实施。

2. 选型设计

根据总体设计方案选择 PLC 控制系统所需的各类元器件，包括 PLC 和低压电器两个部分。低压电器包括空气开关、交流接触器、热继电器、按钮、指示灯等，PLC 部分主要是 PLC 型号的选择。

（1）PLC 型号的选择　目前我国常用的中小型 PLC 主要有德国西门子、日本三菱、日本欧姆龙等。本项目 PLC 控制系统有 3 个输入和 4 个输出，考虑一定的余量，选择三菱的 FX2N - 48MR。

（2）低压电器的选型　低压电器的选型主要包括空气开关、交流接触器、按钮等元件的选型。选择空气开关和交流接触器时，主要考虑其额定电压和额定电流。对于三相异步交流电动机，一般按每千瓦 2.0～2.5 A 计算其电流。

3. PLC 控制程序设计

（1）地址分配清单

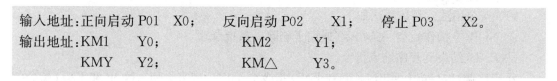

输入地址：正向启动 P01　　X0；　　反向启动 P02　　　X1；　　　停止 P03　　　X2。

输出地址：KM1　　Y0；　　　　　　KM2　　　　Y1；

　　　　　KMY　　Y2；　　　　　　KM△　　　Y3。

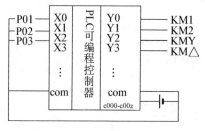

图 2.10　PLC 控制系统接线图

（2）接线图　接线图如图 2.10 所示。

（3）程序清单　程序图及清单，如图 2.11 所示。

4. 控制系统调试

为了及时发现和消除程序中的错误，确保系统正常运行，需要对控制程序进行模拟离线调试和联机现场调试。在调试中，重点注意以下问题：

（1）程序能否满足控制要求。

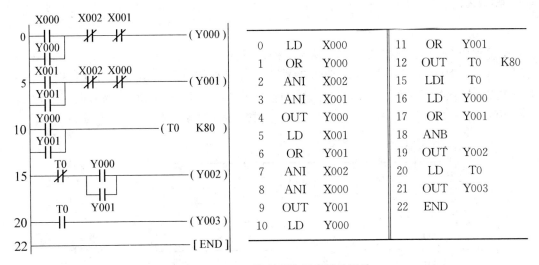

图 2.11 PLC 控制系统程序图及清单

（2）发生意外事故时，能否作出正确响应。

（3）对现场干扰的适应能力如何。

控制程序先进行模拟离线调试，没有问题后再进行联机现场调试。经过一段时间的试运行未出现问题后，就可把控制程序固化到 EPROM 或 EEPROM 芯片中，正式投入运行。

2.2 项目 2 自动配料系统的模拟控制

项目任务要求

用户目标：设计制作一套自动配料系统的模拟控制装置。

用户要求：用 4 个 5 V 小型电机带动 4 级皮带输送系统，小车在轨道上运行，实现自动配料运行。系统启动后，配料装置能自动识别货车到位情况及对货车进行自动配料；当车装满时，配料系统能自动关闭。

项目分析

该项目任务属于典型的顺序控制，选用三菱 FX2N 系列 PLC 控制 4 个 5 V 小型电机的运转，带动 4 级皮带输送系统工作。运行小车的运行位置由限位开关控制，料斗满信号由传感器采集，直接启动，启动按钮与停止按钮各一个，限位开关和指示灯若干，运行小车一台。

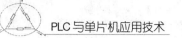

相关知识

1. 起动、保持和停止电路

实现 Y10 的起动、保持和停止功能的 4 种梯形图,如图 2.12 所示,X0 为起动信号,X1 为停止信号。图(a,c)是利用 Y10 常开触点实现自锁保持,而图(b,d)是利用 SET, RST 指令实现自锁保持。另外,图(a,b)为复位优先(即当 X0 和 X1 同时有信号时,则 Y10 断开),而图(c,d)为置位优先(即当 X0 和 X1 同时接通时,则 Y10 接通)。

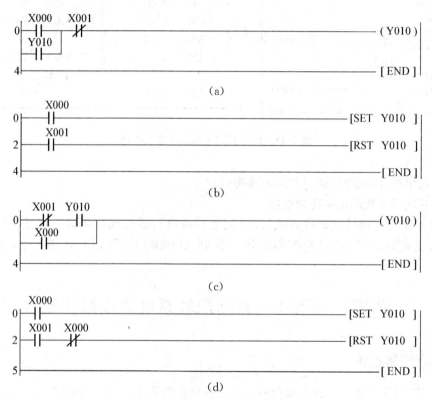

图 2.12 起动、保持、停止梯形图

在实际电路中,起动信号和停止信号可能由多个触点组成的串、并联电路提供。

2. 三相异步电动机正反转控制电路

图 2.13 所示是三相异步电动机正、反转控制的主电路和继电器控制电路图。

图 2.14 和图 2.15 所示是 PLC 控制系统的外部接线图和梯形图,其中 KM1 和 KM2 分别是控制电机正、反转的交流接触器。

在梯形图中,用两个起保停电路分别控制电机的正转和反转。按下正转起动按钮 SB2,X0 变为 ON,其常开触点接通,Y0 的线圈得电并自保持,使 KM1 线圈通电,电机开始正转。按下停止按钮 SB1,X2 变为 ON,其常闭触点断开,使 Y0 线圈失电,电机停止运行。

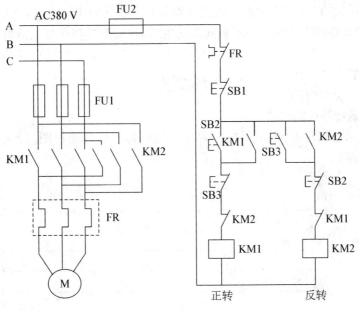

图 2.13 三相异步电动机正反转控制电路图

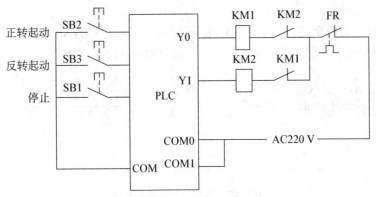

图 2.14 PLC 控制系统的外部接线图

图 2.15 异步电动机正反转控制梯形图

在梯形图中,将 Y0 和 Y1 的常闭触点分别与对方的线圈串联,可以保证它们不能同时为 ON,因此 KM1 和 KM2 的线圈不会同时通电,这种安全措施在继电器电路中称为互锁。在梯形图中还设置了按钮联锁,即将反转起动按钮 X1 的常闭触点与控制正转的 Y0 线圈串联,将正转起动按钮 X0 的常闭触点与控制反转的 Y1 线圈串联。这样既方便了操作,又保证了 Y0 和 Y1 不会同时接通。

3. 多继电器线圈控制电路

图 2.16 所示是可以自锁的、同时控制 4 个继电器线圈的梯形图。其中,X0 是起动按钮,X1 是停止按钮。

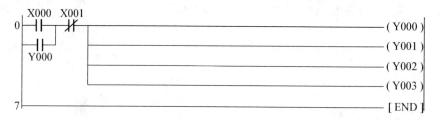

图 2.16 继电器线圈控制梯形图

4. 多地点控制电路

图 2.17 所示是两个地方控制一个继电器线圈的程序。其中,X0 和 X1 是一个地方的起动和停止控制按钮,X2 和 X3 是另一个地方的起动和停止控制按钮。

图 2.17 两地控制电路梯形图

5. 互锁控制电路

图 2.18 所示是 3 个输出线圈的互锁电路。其中,X0,X1 和 X2 是起动按钮,X3 是停止按钮。由于 Y0,Y1 和 Y2 每次只能有一个接通,所以将 Y0,Y1 和 Y2 的常闭触点分别串联到其他两个线圈的控制电路中。

6. 顺序起动控制电路

如图 2.19 所示,Y0 的常开触点串在 Y1 的控制回路中,Y1 的接通是以 Y0 的接通为条件。这样,只有 Y0 接通才允许 Y1 接通。Y0 关断后,Y1 也被关断停止。而且在 Y0 接通条件下,Y1 才可以自行接通和停止。X0 和 X2 为起动按钮,X1 和 X3 为停止按钮。

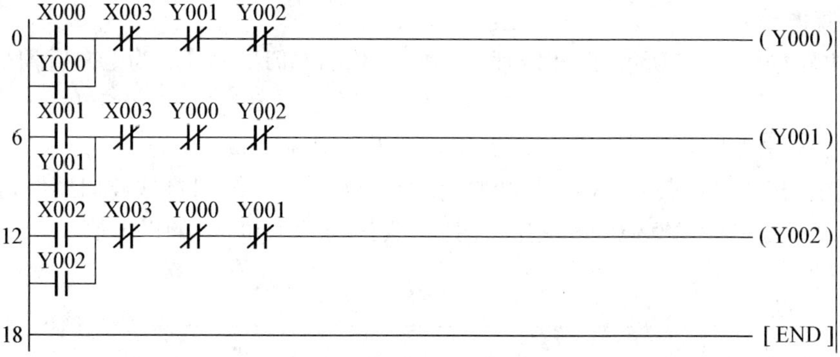

图 2.18 互锁控制梯形图

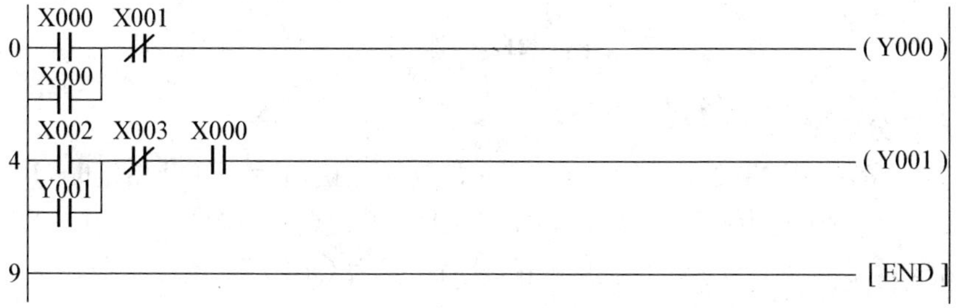

图 2.19 顺序起动控制梯形图

7. 集中与分散控制电路

在多台单机组成的自动线上,有总操作台上的集中控制和单机操作台上分散控制的联锁。集中与分散控制的梯形图,如图 2.20 所示。X2 为选择开关,以其触点为集中控制与分散控制的联锁触点。当 X2 为 ON 时,为单机分散起动控制;当 X2 为 OFF 时,为集中总起动控制。在两种情况下,单机和总操作台都可以发出停止命令。

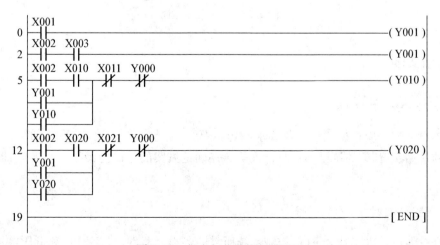

图 2.20 集中与分散控制梯形图

8. 闪烁电路

闪烁电路如图 2.21 所示,设开始时 T0 和 T1 均为 OFF。当 X0 为 ON 后,T0 线圈通电 2 s 后,T0 的常开触点接通,使 Y0 变为 ON,同时 T1 的线圈通电,开始定时。T1 线圈通电 3 s 后,它的常闭触点断开,使 T0 线圈断电,T0 的常开触点断开,使 Y0 变为 OFF,同时使 T1 线圈断电,其常闭触点接通,T0 又开始定时。以后 Y0 的线圈将这样周期性地通电和断电,直到 X0 变为 OFF,Y0 通电和断电的时间分别等于 T1 和 T0 的设定值。

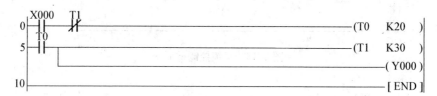

图 2.21　闪烁电路

9. 延合延分电路

如图 2.22 所示,用 X0 控制 Y0。当 X0 的常开触点接通后,T0 开始定时,10 s 后 T0 的常开触点接通,使 Y0 变为 ON。X0 为 ON 时,其常闭触点断开,使 T1 复位;X0 变为 OFF 后,T1 开始定时,5 s 后 T1 的常闭触点断开,使 Y0 变为 OFF,T1 也被复位。Y0 用起动、保持和停止电路控制。

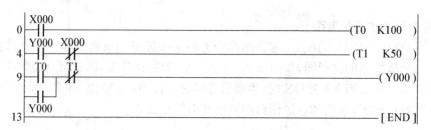

图 2.22　延合延分电路

项目实施

2.2.1　总体方案设计

总体设计方案应根据项目任务要求制定,主要内容包括技术路线、系统的结构、主要低压电器的选型及 PLC 的调试与验收标准等。在确定方案的基础上编制项目实施计划,并指导实施。

2.2.2　选型设计

根据总体设计方案选择 PLC 控制系统所需的各类元器件,包括 PLC 和低压电器两个部分。低压电器包括空气开关、交流接触器、按钮、指示灯等，PLC 部分主要是 PLC 型号的选择。

（1）PLC 型号的选择　目前我国常用的中小型 PLC 主要有德国西门子、日本三菱、日本欧姆龙等。本项目 PLC 控制系统有 5 个输入和 10 个输出，考虑一定的余量，选择三菱的 FX2N - 48MR。

（2）低压电器的选型　主要包括空气开关、接触器、按钮、指示灯、限位开关等元件的选型。

2.2.3　PLC 控制程序设计

1. 地址分配清单

PLC 控制系统地址分配清单，见表 2.21。

表 2.21　PLC 控制系统地址分配清单

按钮	SB1	SB2	S1	SQ1	SQ2
功能	启动	停止	料斗满	车未到位	车装满
连线	X0	X1	X2	X3	X4
指示灯	D1	D2	D3	D4	
功能	车装满	料斗下口下料	料斗满	料斗上口下料	
连线	Y0	Y1	Y2	Y3	
指示灯	L1	L2	M1	M2	M3	M4
功能	车未到位	车到位	电机 M1	电机 M2	电机 M3	电机 M4
连线	Y4	Y5	Y6	Y7	Y10	Y11

2. 工作过程

（1）初始状态　系统启动后，红灯 L2 灭，绿灯 L1 亮，表明允许小车开进装料。料斗出料口 D2 关闭，若料位传感器 S1 置为 OFF（料斗中的物料不满），进料阀开启进料（D4 亮）；当 S1 置为 ON（料斗中的物料已满），则停止进料（D4 灭）。电动机 M1，M2，M3 和 M4 均为 OFF。

（2）装车控制　装车过程中，当小车开进装车位置时，限位开关 SQ1 置为 ON，红灯信号灯 L2 亮，绿灯 L1 灭；同时启动电机 M4，经过 2 s 后，再启动启动 M3，再经 2 s 后启动 M2，再经过 2 s 最后启动 M1，再经过 2 s 后才打开出料阀（D2 亮），物料经料斗出料。

当车装满时，限位开关 SQ2 为 ON，料斗关闭，2 s 后 M1 停止，M2 在 M1 停止 2 s 后停止，M3 在 M2 停止 2 s 后停止，M4 在 M3 停止 2 s 后最后停止。同时红灯 L2 灭，绿灯 L1 亮，表明小车可以开走。

（3）停机控制　按下停止按钮 SB2，自动配料装车的整个系统终止运行。

3. 梯形图参考程序

该 PLC 控制系统的参考程序，如图 2.23 所示。

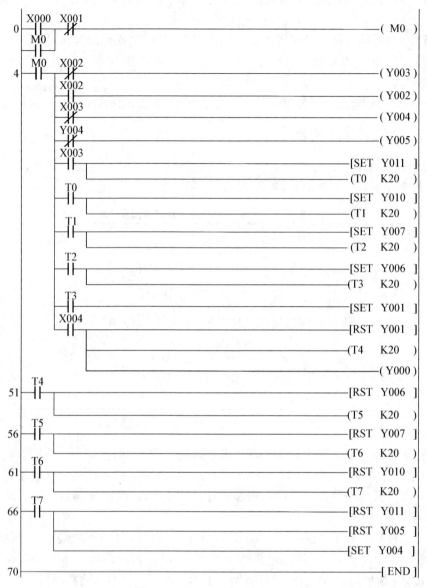

图 2. 23　PLC 控制程序梯形图

2.2.4　控制系统调试

为了及时发现和消除程序中的错误,确保系统正常运行,需要对控制程序进行模拟离线调试和联机现场调试。在调试中,重点注意以下问题:

（1）程序能否满足控制要求。

（2）发生意外事故时,能否作出正确响应。

（3）对现场干扰的适应能力如何。

控制程序先进行模拟离线调试，没有问题后再进行联机现场调试。经过一段时间的试运行未出现问题后，就可把控制程序固化到 EPROM 或 EEPROM 芯片中，正式投入运行。

2.3 项目3 机械手动作的模拟控制

项目任务要求

用户目标：设计制作一套机械手动作的模拟控制装置。

用户要求：启动、停止用动断按钮实现，限位开关用钮子开关模拟，电磁阀和原位指示灯用发光二极管模拟。实现机械手的各种动作。

项目分析

该项目任务属于典型的顺序控制，选用三菱 FX2N 系列 PLC 控制机械手的各种动作，启动、停止用动断按钮来实现，限位开关用钮子开关来模拟，其运行过程用发光二极管来模拟。

相关知识

2.3.1 FX 系列 PLC 基本功能指令

2.3.1.1 功能指令的基本规则

FX 系列 PLC 功能指令能完成一系列的操作，相当于执行了一个子程序。功能指令的强大功能使得编程更加方便，功能指令的多少是衡量 PLC 性能的一个重要指标。

1. 功能指令的表示

与基本逻辑指令不同，FX 系列 PLC 用功能框表示功能指令，即在功能框中用通用的助记符形式来表示。功能指令是由操作码和操作数两部分组成的。

（1）操作码部分　功能框的第一段即为操作码部分，表示该指令做什么。在 FX 系列 PLC 中，功能指令是以指定的功能号来表示的。即 FNC□，□为数字，如 FNC45。

（2）操作数部分　功能框的第一段之后为操作数部分，表示参加指令操作的操作数在哪里，并依次由源操作数、目标操作数和数据个数 3 部分组成。有些功能指令需要操作数，有些功能指令不需要操作数，有些功能指令还要求多个操作数。无论操作数有多少，其排列次序总是源操作数在前，目标操作数在后，数据个数在最后。

2. 功能指令的数据长度

（1）字元件与双字元件　说明如下：

① 字元件。是数据类组件的基本结构，一个字元件由 16 位存储单元构成，其最高位为

符号位,其余位为数值位。

② 双字元件。可以使用两个字元件组成双字元件,以组成 32 位数据操作数。双字元件是由相邻的寄存器组成。存放原则为"低对低,高对高",即低 16 位数值存低地址,高 16 位数值存高地址。

(2) 功能指令中的 16 位数据 因为几乎所有寄存器的二进制位数都是 16 位,所以功能指令中 16 位的数据是以默认形式给出的。

(3) 功能指令中的 32 为数据 功能指令也能处理 32 位数据,这时需要在指令前加前缀符号 D,凡是有前缀符号 D 的功能指令均能处理 32 位数据。

3. 功能指令的执行方式

功能指令有两种执行方式,即连续执行方式和脉冲执行方式。

(1) 连续执行方式 在默认情况下,功能指令的执行方式为连续执行方式。由于 PLC 是采用循环扫描方式工作的,因此只要满足执行条件,功能指令在每个扫描周期中都要重复执行一次。

(2) 脉冲执行方式 对于某些功能指令,如 XCH,INC 和 DEC 等,用连续执行方式在实用中可能会带来问题。例如 INC 指令为加一指令,如果该指令采用连续执行方式工作,那么只要满足执行条件,则在每个扫描周期都会对目标组件加 1,而这在许多实际的控制中是不允许的。为了解决这类问题,设置了指令的脉冲执行方式,并在指令助记符的后面用后缀符号"P"来表示此执行方式。采用脉冲执行方式不会在每个扫描周期都执行指令,缩短了程序的执行时间。

4. 变址操作

变址寄存器 V 和 Z 是两个 16 位的寄存器,除了和通用数据寄存器一样用作数值数据的读写之外,主要还用于运算操作数地址的修改。变址方法是将 V,Z 放在各种寄存器的后面,充当操作数地址的偏移量。操作数的实际地址就是寄存器的当前值以及 V 或 Z 内容相加后的和。可以用变址寄存器进行变址的软组件是 X,Y,M,S,P,T,C,D,K,H,KNX,KNY,KNM,KNS。

例 2.7 如图 2.24 所示的梯形图中,求执行加法操作后源操作数和目标操作数的实际地址。

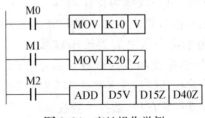

图 2.24 变址操作举例

解:

第一行指令执行 $V = 10$,第二行指令执行 $Z = 20$,第三行指令执行 $(D5V) + (D15Z) = (D40Z)$,

其中:$D5V = D(5 + 10) = D15$

$\qquad D15Z = D(15 + 20) = D35$

$\qquad D40Z = D(40 + 20) = D60$

实际执行结果为 $(D15) + (D35) = (D60)$,即 D15 的内容和 D35 的内容相加,结果送入 D60 中去。

2.3.1.2 程序流向控制指令

功能指令中程序流向控制指令共有 10 条,功能号为 FNC00~FNC09,程序流向控制指令汇总见表 2.22。

表 2.22 程序流向控制指令汇总表

分类	功能号 FNC No.	指令助记符	操作数	指令名称及功能简介	D指令	P指令
程序流	00	CJ	[D.]P0~P63	条件跳转。程序跳转到[D.],P 指针指定处。P63 为 END,步序不需指定		○
	01	CALL	[D.]P0~P62	调用子程序。程序调用[D.],P 指针指定的子程序,嵌套 5 层以下		○
	02	SRET		子程序返回,从子程序返回主程序		
	03	IRET		中断返回主程序		
	04	EI		中断允许		
	05	DI		中断禁止		
	06	FEND		主程序结束		
	07	WDT		监视定时器		○
	08	FOR	[S.]:(K, H, KnX, KnY, KnM, KnS, T, C, D, V, Z)	循环开始,嵌套 5 层		
	09	NEXT		循环结束		

通常情况下,PLC 的控制程序是顺序执行的,但是在许多场合却要求按照控制要求改变程序的流向。这些场合有条件跳转、转子程序与返回、中断调用与返回等。

1. 条件跳转指令

(1) 指令用法　条件跳转指令为 CJ 或 CJ(P)后跟标号。其用法是当跳转条件成立时,跳过一段指令,跳转至指令中所标明的标号处继续执行;若条件不成立,则继续顺序执行。

(2) 指令说明　条件跳转指令的助记符、功能号、操作数和程序步等指令概要,见表 2.23,能够充当目标操作数的只有标号 P0~P63。

表 2.23　CJ 指令概要

条件跳转指令		操作数	程序步
P	FNC00	[D.]：P0，P1，…，P63	CJ，CJ(P)：3
16	CJ，CJ(P)	P63 即 END	标号 P：1

（3）无条件跳转　PLC 只有条件跳转指令，没有无条件跳转指令。若要实现无条件跳转，可设定跳转的执行条件为 M8000 接通，而实际上在 PLC 处于 RUN 状态时，M8000 一直为接通状态。

2. 转子程序与返回指令

PLC 中的子程序是为一些特定的控制目的编制的相对独立的模块，供子程序调用。为了区别于主程序，将主程序放在前面，子程序排在后面，并以主程序结束指令 FEND 给以分隔。

（1）指令用法　子程序调用指令为 CALL 或 CALL(P)后跟标号，标号是被调用子程序的入口地址，以 P0～P62 表示。子程序返回用 SRET 指令。

（2）指令说明　转子程序与返回指令的助记符、功能号、操作数和程序步等指令概要，见表 2.24。

表 2.24　转子与返回指令概要

指令名称	功能号与助记符	操作数	程序步
转子	FNC01 CALL CALL(P)	[D.]：P0～P62 嵌套 5 级	CALL，CALL(P)：3 标号 P：1
返回	FNC02 SRET	无	SRET：1

3. 中断与返回指令

中断是 CPU 与外部设备进行数据传送的一种方式。数据在传送时外部设备远远跟不上高速的 CPU 的处理速度，因此采用数据传送的中断方式来匹配两者之间的传送速度，提高 CPU 的工作效率。采用中断方式后，CPU 与外部设备是并行工作的，平时 CPU 在执行主程序，当外部设备需要数据传送服务时，才去向 CPU 发出中断请求。在允许中断的情况下，CPU 可以响应外部设备的中断请求，中断主程序而去执行一段中断服务子程序。

（1）指令用法　具体用法如下：

中断返回指令：FNC03 IRET

开中断指令(中断允许)：FNC04 EI

关中断指令(中断禁止)：FNC05 DI

（2）指令说明 FX2N 系列 PLC 有两类中断，即外部中断和内部定时器中断。外部中断信号从输入端子送入，可用于机外突发随机事件引起的中断。定时中断是内部中断，是定时器定时时间到引起的中断。

有关中断指令的助记符、功能号、操作数和程序步等指令概要，见表 2.25。

表 2.25 有关中断指令概要

指令名称	功能号及助记符		操作数	程序步
中断返回	FNC03	IRET	[D.]：无	IRET：1
开中断	FNC04	EI	[D.]：无	EI：1
关中断	FNC05	DI	[D.]：无	DI：1

4. 中断指针

（1）外中断用 I 指针 外中断用 I 指针的格式如图 2.25 所示，用 I00～I50 共 6 点。外中断是外部信号引起的中断，对应的外部信号的输入口为 X000～X005。指针格式中的最后一位，可选择是上升沿请求中断，或是下降沿请求中断。

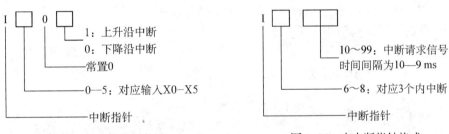

图 2.25 外中断指针格式　　　　图 2.26 内中断指针格式

（2）内中断用 I 指针 内中断用 I 指针的格式如图 2.26 所示，用 I6～I8 共 3 点。内中断为机内定时时间到信号中断，由指定编号为 6～8 的专用定时器控制。设定时间在 10～99 ms 间选取，每隔设定时间就会中断一次。

5. 主程序结束指令

（1）指令用法 主程序结束指令：FNC06 FEND

（2）指令说明 主程序结束指令的助记符、功能号、操作数和程序步等指令概要，见表 2.26。

表 2.26 主程序结束指令概要

指令名称	功能号	助记符	操作数	程序步
主程序结束	FNC06	FEND	[D.]：无	FEND：1

FEND 指令表示主程序结束。此后 CPU 将进行输入/输出处理和警戒时钟刷新，完成后返回到第 0 步。子程序和中断服务程序均必须写在主程序结束指令 FEND 之后，子程序

以 SRET 指令结束,中断服务程序以 IRET 指令结束。当程序中没有子程序或中断服务程序时,也可以没有 FEND 指令,但是程序的最后必须用 END 指令结尾。子程序及中断服务程序必须写在 FEND 指令与 END 指令之间。

6. 警戒时钟指令

(1) 指令用法　警戒时钟刷新指令:FNC07 WDT(P)

(2) 指令说明　警戒时钟刷新指令的助记符、功能号、操作数和程序步指令概要,见表 2.27。

表 2.27　警戒时钟刷新指令概要

指令名称	功能号　助记符	操作数	程序步
警戒时钟刷新	FNC07　WDT(P)	[D.]:无	WDT,WDT(P):1

WDT 指令用于刷新顺序程序的警戒时钟。如果 CPU 从程序的第 0 步到 END 或 FEND 指令之间的指令执行时间超过 100 ms,PLC 将会停止执行用户程序。为防止此类情况发生,可以将 WDT 指令插到合适的程序步中来刷新警戒时钟,以使顺序程序得以继续执行到 END。这样处理后,就可以将一个运行时间大于 100 ms 的程序用 WDT 指令分成几部分,使每部分的执行时间均小于 100 ms。

7. 循环指令

(1) 指令用法　具体用法如下:

循环体起点指令:FNC08 FOR
循环体终点指令:FNC09 NEXT

(2) 指令说明　循环指令的助记符、功能号、操作数和程序步等指令概要,见表 2.28。

表 2.28　循环指令概要

指令名称	功能号　助记符	操作数									程序步
循环开始	FNC08　FOR	←				S.				→	FOR:3
		K,H	KnX	KnY	KnM	KnS	T	C	D	V,Z	
循环结束	FNC09　NEXT	无									NEXT:1

循环指令可以反复执行某一段程序,只要将这一段程序放在 FOR～NEXT 之间,待执行完指定的循环次数后,才执行 NEXT 下一条指令。

循环开始 FOR 指令及循环结束 NEXT 指令构成一对循环指令。在梯形图中,判断配对的原则是:与 NEXT 指令之前相距最近的 FOR 指令是一对循环指令,FOR - NEXT 对是唯一的。FOR 指令和 NEXT 指令间包含的程序称为循环体,如果在循环体内又包含了另外一个完整的循环,则称为循环的嵌套。循环指令最多允许 5 层嵌套。嵌套循环程序的执行总是由内向外,逐层循环的。

循环次数由 FOR 后的数值确定,循环次数范围为 1～32 767,如循环次数<1,则当作 1 处理,FOR - NEXT 循环一次。

2.3.1.3 数据传送指令

1. 比较指令

(1) 指令用法 比较指令:FNC10 CMP[S1.][S2.][D.]

其中[S1.],[S2.]为两个比较的源操作数,[D.]为比较结果的标志软组件,指令中给出的是标志软组件的首地址。

(2) 指令说明 比较指令的助记符、功能号、操作数和程序步等指令概要,见表 2.29。

表 2.29 比较指令概要

比较指令		操作数	程序步
P D	FNCI0 CMP CMP(P)	[S1.][S2.] K,H KnX KnY KnM KnS T C D V,Z X Y M S [D.]	CMP CMP(P):7 (D)CMP (D)CMP(P):13

由表 2.29 可见,能够充当标志位的软组件只有输出继电器 Y、辅助继电器 M 和状态组件 S,能够充当源操作数的是表中所指定的范围内的所有软组件。

比较指令 CMP 可对两个数进行代数减法运算,将源操作数[S1.]和[S2.]的数据进行比较,结果送到目标操作数[D.]中,再将比较结果写入指定的相邻的 3 个标志软组件中。

CMP 指令可以比较两个 16 位二进制数,也可以比较两个 32 位二进制数,在对 32 位操作时,使用前缀(D):(D)CMP[S1.][S2.][D.]。另外,CMP 指令还可实现脉冲操作方式,使用后缀(P):(D)CMP(P)[S1.][S2.][D.],只有在驱动条件由 OFF 变为 ON 时进行一次比较。

2. 区间比较指令

(1) 指令用法 区间比较指令:FNC11 ZCP[S1.][S2.][S3.][D.]

其中,[S1.]和[S2.]为区间起点和终点,[S3.]为另一比较软组件,[D.]为标志软组件,指令中给出的是标志软组件的首地址。

(2) 指令说明 区间比较指令的助记符、功能号、操作数和程序步等指令概要,见表 2.30。

表 2.30　区间比较指令概要

区间比较指令		操作数	程序步
P	FNC11 ZCP ZCP(P)	[S1.][S2.][S3.] K,H / KnX / KnY / KnM / KnS / T / C / D / V,Z X / Y / M / S [D.]	ZCP ZCP(P)：9 (D)ZCP (D)ZCP(P)：17
D			

从表 2.30 可见，能够作为标志位的软组件有输出继电器 Y、辅助继电器 M 和状态组件 S，能够作为源操作数的是表中[S1.]，[S2.]和[S3.]所指定的范围内的所有软组件。区间比较指令 ZCP 可将某个指定的源数据[S3.]与一个区间的数据进行代数比较，源数据[S1.]和[S2.]分别为区间的下限和上限，比较结果送到目标操作数[D.]中，[D.]由 3 个连续的标志位软组件组成。标志位的操作规则是：若源数据[S3.]处在上、下限之间，则第二个标志位置 1；若源数据[S3.]小于下限，则第一个标志位置 1；若源数据[S3.]大于上限，则第三个标志位置 1。

ZCP 指令不仅可以比较两个 16 位二进制数，还可以比较 32 位二进制数。另外，ZCP 指令有连续执行方式和脉冲执行方式两种。

3. 传送指令

（1）指令用法　数据传送指令：MOV [S.][D.]

其中，[S.]为源数据，[D.]为目标软组件。数据传送指令的功能是将源数据传送到目标软组件中去。

（2）指令说明　数据传送指令的助记符、功能号、操作数和程序步等指令概要，见表 2.31。

表 2.31　数据传送指令概要

传送指令		操作数	程序步
P	FNC12 MOV MOV(P)	[S.] K,H / KnX / KnY / KnM / KnS / T / C / D / V,Z [D.]	MOV, MOV(P)：5 (D)MOV, (D)MOV(P)：9
D			

4. 移位传送指令

（1）指令用法　移位传送指令：SMOV [S.] m1 m2 [D.] n

其中，[S.]为源数据，m1 为被传送的起始位，m2 为传送位数；[D.]为目标软组件，n 为传送的目标起始位。

移位传送指令的功能是将[S.]第 m1 位开始的 m2 个数移位到[D.]的第 n 位开始的 m2 个位置去，m1，m2 和 n 取值均为 1～4。

（2）指令说明　移位传送指令的助记符、功能号、操作数和程序步等指令概要，见表 2.32。

表 2.32　移位传送指令概要

移位传送指令		操作数	程序步
P 16	FNC13 SMOV SMOV(P)	[S.] K,H　KnX　KnY　KnM　KnS　T　C　D　V,Z n　　　　　　　　　[D.] m1,m2	SMOV SMOV(P):11

5. 取反传送指令

（1）指令用法　取反传送指令:FNC14 CML [S.][D.]

其中,[S.]为源数据,[D.]为目标软组件。取反传送指令的功能是,将[S.]按二进制的位取反后送到目标软组件中。

（2）指令说明　取反传送指令的助记符、功能号、操作数和程序步等指令概要，见表 2.33。

表 2.33　取反传送指令概要

取反传送指令		操作数	程序步
P D	FNC14 CML CML(P)	[S.] K,H　KnX　KnY　KnM　KnS　T　C　D　V,Z [D.]	CML CML(P):5 (D)CML (D)CML(P):9

CML 指令有 32 位操作方式,使用前缀(D)。CML 指令还有脉冲操作方式,使用后缀(P),只有在驱动条件由 OFF 变为 ON 时,才进行一次取反传送。CML 指令的 32 位脉冲操作格式为(D)CML(P)[S.][D.]。

6. 块传送指令

（1）指令用法　块传送指令:FNC15 BMOV [S.][D.]n

其中,[S.]为源软组件,[D.]为目标软组件,n 为数据块个数。块传送指令的功能是将源软组件中的 n 个数据组成的数据块传送到指定的目标软组件中去。如果组件号超出允许组件号的范围,则数据只传送到允许范围内。

（2）指令说明　块传送指令的助记符、功能号、操作数和程序步等指令概要，见表 2.34。

表 2.34　块传送指令概要

块传送指令		操作数	程序步
P　　　FNC15 BMOV 16　　　BMOV(P)		 K,H KnX KnY KnM KnS T C D V,Z n ——[D.]—— [S.]	BMOV BMOV(P):7

从表 2.34 可见,能够作为源操作数的是表中[S.]所指定范围内的所有软组件,包括文件寄存器(D1000~D2999);能够作为目标操作数的软组件要除去常数 K,H 和输入继电器位组合,如表中[D.]所指定范围内的软组件;能够作为数据块个数的只有常数 K,H,如表中 n 所指定的范围。

BMOV 指令无 32 位操作方式,但有脉冲执行方式。使用后缀(P),只有在驱动条件由OFF 变为 ON 时,才进行一次块传送。

BMOV 指令的脉冲执行格式为 BMOV(P) [S.][D.]n。

7. 多点传送指令

(1) 指令用法　多点传送指令:FNC16 FMOV [S.][D.]n

其中,[S.]为源软组件,[D.]为目标软组件,n 为目标软组件个数。多点传送指令的功能是将一个源软组件中的数据传送到指定的 n 个目标软组件中去。指令中给出的是目标软组件的首地址。该指令常用于对某一段数据寄存器清零或置相同的初始值。

(2) 指令说明　多点传送指令助记符、功能号、操作数和程序步等指令概要,见表 2.35。

表 2.35　多点传送指令概要

多点传送指令		操作数	程序步
P　　　FNC16 FMOV 16　　　FMOV(P)		 K,H KnX KnY KnM KnS T C D V,Z n ——[D.]—— [S.]	FMOV FMOV(P):7

FMOV 指令无 32 位操作方式,但有脉冲操作方式。使用后缀(P),FMOV 指令的脉冲操作格式为 FMOV(P) [S.][D.]n。

8. 数据交换指令

(1) 指令用法　数据交换指令:XCH [D1.][D2.]

其中,[D1.],[D2.]为两个目标软组件。数据交换指令的功能是将两个指定的目标软组件的内容进行交换操作。指令执行后,两个目标软组件的内容互相交换。

(2) 指令说明　数据交换指令的助记符、功能号、操作数和程序步等指令概要,见表 2.36。

表 2.36 数据交换指令概要

数据交换指令		操作数	程序步
P	FNC17 XCH XCH(P)	[D1.] K,H KnX KnY KnM KnS T C D V,Z [D2.]	XCH XCH(P):5 DXCH DXCH(P):9
D			

XCH 指令有 32 位操作方式,使用前缀(D),其 32 位脉冲方式指令格式为(D)XCH(P)[D1.][D2.]。

9. BCD 变换指令

(1) 指令用法 BCD 码变换指令:BCD [S.][D.]

其中,[S.]为被转换的软组件,[D.]为目标软组件。BCD 码变换指令的功能是将指定软组件的内容转换成 BCD 码,并送到指定的目标软组件中去。

(2) 指令说明 BCD 码指令的助记符、功能号、操作数和程序步等指令概要,见表 2.37。

表 2.37 BCD 码变换指令概要

BCD 码变换指令		操作数	程序步
P	FNC18 BCD BCD(P)	[S.] K,H KnX KnY KnM KnS T C D V,Z [D.]	BCD,BCD(P):5 (D)BCD,(D)BCD(P):9
D			

10. BIN 变换指令

(1) 指令用法 BIN 变换指令:BIN [S.][D.]

其中,[S.]为被转换的软组件,[D.]为目标软组件。BIN 变换指令的功能是将指定软组件中的 BCD 码转换成二进制数,并送到指定的目标软组件中去。

(2) 指令说明 BIN 变换指令的助记符、功能号、操作数和程序步等指令概要,见表 2.38。

表 2.38 BIN 变换指令概要

BIN 变换指令		操作数	程序步
P	FNC19 BIN BIN(P)	[S.] K,H KnX KnY KnM KnS T C D V,Z [D.]	BIN,BIN(P):5 (D)BIN,(D)BIN(P):9
D			

2.3.1.4 算术和逻辑运算指令

算术和逻辑运算指令是基本运算指令,通过算术和逻辑运算可以实现数据的传送、变换和其他控制功能。

1. BIN 加法指令

(1) 指令用法　二进制加法指令:FNC20 ADD [S1.][S2.][D.]

其中,[S1.],[S2.]为两个作为加数的源软组件,[D.]为存放相加和的目标组件。ADD指令的功能是将指定的两个源软组件中的有符号数进行二进制加法运算,然后将相加和送入指定的目标软组件中。

(2) 指令说明　二进制加法指令的助记符、功能号、操作数和程序步等指令概要,见表2.39。

表 2.39　二进制加法指令概要

加法指令		操作数										程序步
P D	FNC20 ADD ADD(P)	[S1.][S2.] K,H / KnX / KnY / KnM / KnS / T / C / D / V,Z [D.]										ADD ADD(P):7 (D)ADD (D)ADD(P):13

由表2.39可见,能够作为源操作数的是表中[S1.],[S2.]所指定的范围内的所有软组件;能够作为目标操作数的软组件不包括常数K,H和输入继电器组合,如表中[D.]所指定范围内的软组件。

有符号数是指每个数的最高位为符号位,符号位按"正0负1"判别。加法指令影响3个标志位,其结果见表2.40。

表 2.40　二进制加法指令影响标志位

二进制相加结果	影响标志位
相加结果为0	M8020=1
16 位操作数>32767;32 位操作数>2147483647	M8022=1
16 位操作数<−32767;32 位操作数<−2147483647	M8021=1

ADD指令还可以进行32位操作方式,使用前缀(D),指令中给出的是源、目标软组件的首地址。

2. BIN 减法指令

(1) 指令用法　二进制减法指令:FNC21 SUB [S1.][S2.][D.]

其中,[S1.],[S2.]分别是作为被减数和减数的源软组件,[D.]为存放相减差的目标组件。SUB指令的功能是将指定的两个源软组件中的有符号数进行二进制代数减法运算,然后将相减结果差送入指定的目标软组件中。

(2) 指令说明　二进制减法指令的助记符、功能号、操作数和程序步等指令概要,见表2.41。

表 2.41　二进制减法指令概要

减法指令		操作数	程序步
P D	FNC21 SUB SUB(P)	←————————[S1.][S2.]————————→ | K,H | KnX | KnY | KnM | KnS | T | C | D | V,Z | ←————————[D.]————————→	SUB SUB(P)：7 (D)SUB (D)SUB(P)：13

由表 2.41 可见,能够作为源操作数的是表中[S1.],[S2.]所指定的范围内的所有软组件;能够作为目标操作数的软组件要除去常数 K,H 和输入继电器位组合,如表中[D.]所指定的范围内的软组件。

SUB 指令进行的运算为二进制带符号减法,被减数和减数的最高位是符号位,而且减法运算为代数运算。减法运算也影响标志位,其影响结果见表 2.42。

表 2.42　二进制减法指令影响标志位

二进制相减结果	影响标志位
相减结果为 0	M8020＝0
相减时产生错位	M8021＝1
16 位操作数＞32767；32 位操作数＞2147483647	M8022＝1

SUB 指令还可以进行 32 位操作方式,使用前缀(D),指令中给出的是源、目标软组件的首地址。

3. BIN 乘法指令

(1) 指令用法　二进制乘法指令:FNC22 MUL [S1.][S2.][D.]

其中,[S1.],[S2.]分别是作为被乘数和乘数的源软组件,[D.]为存放相乘积的目标组件的首地址。MUL 指令的功能是将指定的两个源软组件中的数进行二进制有符号数乘法运算,然后将相乘的积送入指定的目标软组件中。

(2) 指令说明　二进制乘法指令的助记符、功能号、操作数和程序步等指令概要,见表 2.43。

表 2.43　二进制乘法指令概要

乘法指令		操作数	程序步
P D	FNC22 MUL MUL(P)	←————————[S1.][S2.]————————→ | K,H | KnX | KnY | KnM | KnS | T | C | D | *Z | V | *:16位时可用　←————————[D.]————————→	MUL MUL(P)：7 (D)MUL (D)MUL(P)：13

由表 2.43 可见,能够作为源操作数的是表中[S1.],[S2.]所指定的范围内的所有软组件;能够作为目标操作数的软组件要除去常数 K,H 和输入继电器位组合,如表中[D.]所指定的范围内的软组件。V 和 Z 中只有 Z 可以用 16 位乘法的目标软组件,其他情况不能用 V 和 Z 来指明存放乘积的软组件。

MUL 指令进行的是有符号数乘法,被乘数和乘数的最高位为符号位。MUL 指令可进行 16 位和 32 位数操作。

4. BIN 除法指令

(1)指令用法 二进制除法指令:FNC23 DIV [S1.][S2.][D.]

其中,[S1.],[S2.]分别为存放被除数与除数的源软组件,[D.]为商和余数的目标软组件的首地址。DIV 指令的功能是将指定的两个源软组件中的数进行二进制有符号数的除法运算,然后将运算结果送入从首地址开始的相应的目标软组件中。

(2)指令说明 二进制除法指令的助记符、功能号、操作数和程序步等指令概要,见表 2.44。

表 2.44 二进制除法指令概要

除法指令		操作数	程序步
P	FNC23 DIV	[S1.][S2.] K,H KnX KnY KnM KnS T C D *Z V *:16位时可用　　　[D.]	DIV DIV(P);7
D	DIV(P)		(D)DIV (D)DIV(P);13

DIV 指令进行的是有符号数除法,被除数与除数的最高位为符号位,二进制商和余数的最高位也是符号位,符号位为"0"表示正数,符号位为"1"表示负数。另外,DIV 指令可进行 16 位和 32 位除法运算,若将浮点数标志位 M8023 置 1,则可进行浮点数的除法运算。

5. BIN 加 1 指令

(1)指令用法 二进制加 1 指令:FNC24 INC [D.]

其中,[D.]是需加 1 的目标软组件。INC 指令的功能是将指定的目标软组件的内容加 1。

(2)指令说明 二进制加 1 指令的助记符、功能号、操作数和程序步等指令概要,见表 2.45。

表 2.45 二进制加 1 指令概要

加 1 指令		操作数	程序步
P	FNC24 INC	K,H KnX KnY KnM KnS T C D V,Z [D.]	INC INC(P);3
D	INC(P)		(D)INC (D)INC(P);5

INC 指令不影响标志位,常用于循环次数和变址操作。

6. BIN 减 1 指令

（1）指令用法　二进制减 1 指令：FNC25 DEC［D.］

其中，［D.］是需减 1 的目标软组件。DEC 指令的功能是将指定的目标软组件的内容减 1。

（2）指令说明　二进制减 1 指令的助记符、功能号、操作数和程序步等指令概要,见表 2.46。

表 2.46　二进制减 1 指令概要

减 1 指令		操作数	程序步
P	FNC25 DEC DEC(P)	K,H　KnX　KnY　KnM　KnS　T　C　D　V,Z ◄—————————— [D.] —————————►	DEC DEC(P)：3 (D)DEC (D)DEC(P)：5
D			

DEC 指令常采用脉冲执行方式，不影响标志位，常用于循环次数和变址操作。

7. 逻辑"与"指令

（1）指令用法　逻辑"与"指令：WAND［S1.］［S2.］［D.］

其中，［S1.］，［S2.］为两个相"与"的源软组件，［D.］为放相"与"结果的目标软组件。WAND 指令的功能是将指定的两个源软组件中的数进行二进制按位"与"，然后将相"与"结果送入指定的目标软组件中。"与"运算的规则是：全 1 为 1，有 0 为 0。

（2）指令说明　逻辑"与"指令的助记符、功能号、操作数和程序步等指令概要，见表 2.47。

表 2.47　逻辑"与"指令概要

逻辑"与"指令		操作数	程序步
P	FNC26 WAND WAND(P)	◄————————— [S1.][S2.] —————————► K,H　KnX　KnY　KnM　KnS　T　C　D　V,Z ◄————————— [D.] —————————►	WAND、WAND(P)：7 (D)AND，(D)AND(P)：13
D			

8. 逻辑"或"指令

（1）指令用法　逻辑"或"指令：WOR［S1.］［S2.］［D.］

其中，［S1.］，［S2.］为两个相"或"的源软组件，［D.］为放相"或"结果的目标组件。WOR 指令的功能是将指定的两个源软组件中的数进行二进制按位"或"，然后将相"或"的结果送入指定的目标软组件中。"或"运算的规则是：全 0 为 0，有 1 为 1。

（2）指令说明　逻辑"或"指令的助记符、功能号、操作数和程序步等指令概要，见表 2.48。

表2.48　逻辑"或"指令概要

逻辑"或"指令		操作数	程序步
P D	FNC27 WOR WOR(P)	[S1.][S2.] K,H KnX KnY KnM KnS T C D V,Z [D.]	WOR、WOR(P):7 (D)OR, (D)OR(P):13

9. 逻辑"异或"指令

（1）指令用法　逻辑"异或"指令:WXOR [S1.][S2.][D.]

其中,[S1.],[S2.]为两个相"异或"的源软组件,[D.]为放相"异或"结果的目标组件。WXOR指令的功能是将指定的两个源软组件中的数进行二进制按位"异或",然后将相"异或"的结果送入指定的目标软组件中。"异或"运算的规则是:相同为0,不同为1。

（2）指令说明　逻辑"异或"指令的助记符、功能号、操作数和程序步等指令概要,见表2.49。

表2.49　逻辑"异或"指令概要

逻辑"异或"指令		操作数	程序步
P D	FNC28 WXOR WXOR(P)	[S1.][S2.] K,H KnX KnY KnM KnS T C D V,Z [D.]	WXOR, WXOR(P):7 (D)XOR, (D)XOR(P):13

10. 求补指令

（1）指令用法　求补指令:FNC29 NEG [D.]

其中,[D.]为存放求补结果的目标软组件。NEG指令的功能是将指定的目标软组件[D.]中的数进行二进制求补运算,然后将求补结果送入目标软组件中。

（2）指令说明　求补指令的助记符、功能号、操作数和程序步等指令概要,见表2.50。

表2.50　求补指令概要

求补指令		操作数	程序步
P D	FNC29 NEG NEG(P)	K,H KnX KnY KnM KnS T C D V,Z [D.]	NEG, NEG(P):3 (D)NEG, (D)NEG(P):5

求补指令允许32位操作方式,使用前缀(D);也可有脉冲执行方式,使用后缀(P),只有在驱动条件由OFF变为ON时进行一次求补运算。

2.3.1.5 循环移位与移位指令

FX 系列 PLC 中设置了 10 条循环移位与移位指令,可以实现数据的循环移位、移位及先进先出等功能,其功能号为 FNC30～FNC39。其中,循环移位指令分左移 ROL 和右移 ROR,是一种闭环移动;移位分为带进位移位 RCR 和 RCL,以及不带进位移位 SFTR,SFTL,WSFR 和 WSFL;先进先出分为写入 SFWR 和读出 SFRD。

1. 循环右移指令

(1)指令用法 循环右移指令:ROR[D.]n

其中,[D.]为要移位的目标软组件,n 为每次移动的位数。ROR 指令的功能是将指定的目标软组件中的二进制数按照指令规定的每次移动的位数,由高位向低位移动,最后移出的那一位将进入进位标志位 M8022。

(2)指令说明 循环右移指令的助记符、功能号、操作数和程序步等指令概要,见表 2.51。

表 2.51 循环右移指令概要

循环右移指令		操作数	程序步
P	FNC30 ROR	K,H KnX KnY KnM KnS T C D V.Z *n* —————[D.]————→ $n\leqslant 16, n\leqslant 32$	ROR, ROR(P):5 (D)ROR,(D)ROR(P):9
D	ROR(P)		

2. 循环左移指令

(1)指令用法 循环左移指令:ROL[D.]n

其中,[D.]为要移位的目标软组件,n 为每次移动的位数。ROL 指令的功能是将指定的目标软组件中的二进制数按照指令规定的每次移动的位数,由低位向高位移动,最后移出的那一位将进入进位标志位 M8022。

(2)指令说明 循环左移指令的助记符、功能号、操作数和程序步等指令概要,见表 2.52。

表 2.52 循环左移指令概要

循环左移指令		操作数	程序步
P	FNC31 ROL	K,H KnX KnY KnM KnS T C D V.Z *n* —————[D.]————→ $n\leqslant 16, n\leqslant 32$	ROL、ROL(P):5 (D)ROL, (D)ROL(P):9
D	ROL(P)		

3. 带进位的循环右移指令

(1)指令用法 带进位的循环右移指令:RCR[D.]n

其中,[D.]为要移位的目标软组件,n 为每次移动的位数。RCR 指令的功能是将指定的目标软组件中的二进制数按照指令规定的每次移动的位数,由高位向低位移动,最低位移动到进位标志位 M8022,M8022 中的内容则移动到最高位。

(2)指令说明 带进位的循环右移指令的助记符、功能号、操作数和程序步等指令概

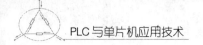

要,见表2.53。

表2.53 带进位的循环右移指令概要

带进位的循环右移指令		操作数	程序步
P	FNC32 RCR	K,H KnX KnY KnM KnS T C D V,Z n [D.] $n \leqslant 16, n \leqslant 32$	RCR、RCR(P):5
D	RCR(P)		(D)RCR,(D)RCR(P):9

4. 带进位的循环左移指令

（1）指令用法 带进位的循环左移指令:RCL[D.]n

其中,[D.]为要移位的目标软组件,n为每次移动的位数。RCL指令的功能是将指定的目标软组件中的二进制数按指令规定的每次移动的位数,由低位向高位移动,最高位移动到进位标志位M8022,M8022中的内容则移动到最低位。

（2）指令说明 带进位的循环左移指令的助记符、功能号、操作数和程序步等指令概要,见表2.54。

表2.54 带进位的循环左移指令概要

带进位的循环左移指令		操作数	程序步
P	FNC33 RCL	K,H KnX KnY KnM KnS T C D V,Z n [D.] $n \leqslant 16, n \leqslant 32$	RCL,RCL(P):5
D	RCL(P)		(D)RCL,(D)RCL(P):9

2.3.1.6 数据处理指令

1. 求平均值指令

（1）指令用法 求平均值指令:FNC45 MEAN [S.][D.]n

（2）指令说明 求平均值指令的助记符、功能号、操作数和程序步等指令概要,见表2.55。

表2.55 求平均值指令概要

求平均值指令		操作数	程序步
P	FNC45 MEAN	[S.] K,H KnX KnY KnM KnS T C D V,Z n [D.]	MEAN MEAN(P):7
16	MEAN(P)		

2. 报警器置位指令

（1）指令用法 报警器置位指令:FNC46 ANS[S.]n[D.]

（2）指令说明　报警器置位指令的助记符、功能号、操作数和程序步等指令概要,见表 2.56。

表 2.56　报警器置位指令概要

报警器置位指令		操作数			程序步
P	FNC46	[S.]	[D.]	n	ANS
16	ANS ANS(P)	T:T0~T99(100 ms)	S:S900~S999	K:1~32 767	ANS(P):7

3. 报警器复位指令

（1）指令用法　报警器复位指令:FNC47 ANR。

（2）指令说明　报警器复位指令的助记符、功能号、操作数和程序步等指令概要,见表 2.57。ANR 指令的功能是,如果驱动条件成立,已经置位的 S900~S999 中组件号最小的报警器复位。

表 2.57　报警器复位指令概要

报警器置位指令		操作数	程序步
P	FNC47		ANR
16	ANR ANR(P)	D:无	ANR(P):1

2.3.2　步进顺控指令

三菱公司的小型 PLC 在基本逻辑指令之外增加了两条步进梯形图指令 STL 和 RET,是一种符合 IEC1131-3 标准中定义的 SFC 图(sequential function chart,即顺序功能图)的通用流程图语言。顺序功能图也称状态转移图,非常适合步进顺序的控制,而且编程直观、方便。

1. 步进梯形图指令与状态转移图

（1）步进梯形图指令　步进梯形图指令见表 2.58。STL 使用的软元件为状态继电器 S,元件编号范围为 S0~S899。步进梯形图是 SFC 图的另一种表达方式。

表 2.58　步进梯形图指令

指令类型	指令	梯形图符号	可用软元件
步进开始指令	STL	─┤├─ 或 ─┤STL├─	S
步进结束指令	RET	─[RET]	

（2）状态转移图和步进梯形图　状态转移图（SFC图）主要由状态步、转换条件和驱动负载3部分组成，如图2.27（a）所示。初始状态步一般使用初始状态继电器S0~S9。SFC图将一个控制程序分为若干状态步，每个状态步用一个状态继电器S表示，由每个状态步驱动对应的负载，完成对应动作。状态步必须满足对应的转换条件才能处于动作状态，即状态继电器S得电。

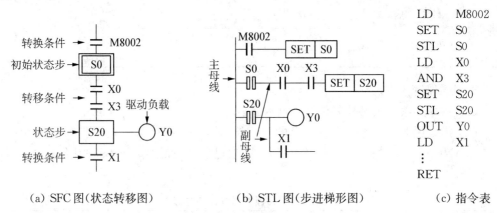

（a）SFC图（状态转移图）　　　（b）STL图（步进梯形图）　　　（c）指令表

图2.27　SFC图的三种表达方式

初始状态步可以由梯形图中的接点作为转移条件，也常用M8002（初始化脉冲）的接点作为转移条件。当一个状态步处于动作状态时，如果与之下面相连的转移条件接通，该状态步将自动复位，它下面的状态步置位处于动作状态，并驱动对应的负载。

PLC初次运行时，M8002产生一个脉冲，使初始状态继电器S0得电，即初始状态步动作，S0没有驱动负载，处于等待状态。当转移条件X0和X3都闭合时，S0复位，S20得电置位，S20所驱动的负载Y0也随之得电。

SFC图也可用STL图代替，即步进梯形图表示，如图2.27（b）所示。状态步的线圈用SET指令，其主控接点用STL指令，主控接点右边为副母线。SFC图结束后要用RET指令，如图2-27（c）所示。

2. SFC图的跳转与分支

（1）SFC图的跳转　SFC图的跳转如图2.28所示，有以下几种形式：

① 向下跳：跳过相邻的状态步，到下面的状态步，如图2.28（a）所示。当转移条件X0=1时，从S0状态步跳到S22状态步。

② 向上跳：跳回到上面的状态步，如图2.28（a）所示。当转移条件X4=1时，从S22状态步跳回到S0状态步；当转移条件X4=0时，从S22跳回到S20状态步。

③ 跳向另一条分支：如图2.28（c）所示，当转移条件X11=1时，从S20状态步跳到另一条分支的S31状态步。

④ 复位：如图2.28（c）所示，当转移条件X15=1时，使本状态步S32复位。

在编程软件中，SFC图的跳转用箭头表示，如图2.28（b，d）所示。

（2）SFC图的分支　状态转移图可分为单分支、选择分支、并行分支和混合分支几种。

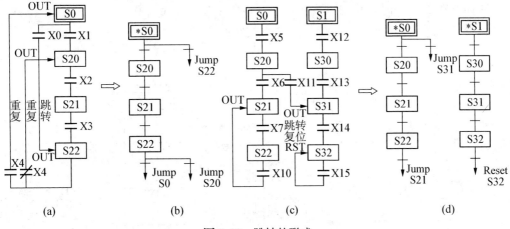

图 2.28　跳转的形式

单分支是最常用的一种形式。选择分支如图 2.29(a)所示,在选择分支状态转移图中,有多个分支,只能选择其中的一条分支。如 X2＝1 时,选择左分支 S23;如 X2＝0 时,选择右分支 S26。

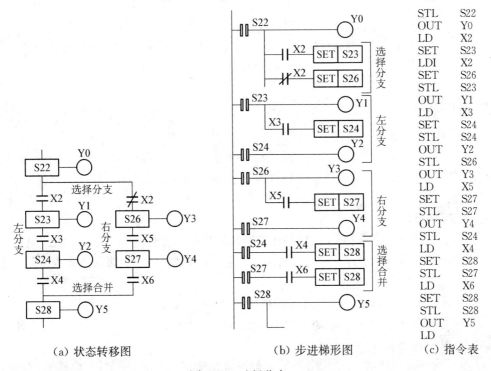

（a）状态转移图　　　　　（b）步进梯形图　　　　　（c）指令表

图 2.29　选择分支

并行分支如图 2.30(a)所示,在并行分支状态转移图中,有多个分支。当满足转移条件 X2 时,所有并行分支 S23,S26 同时置位;在并行合并处所有并行分支 S24,S27 同时置位时,在转移条件 X5＝1 时转移到 S28 状态步。

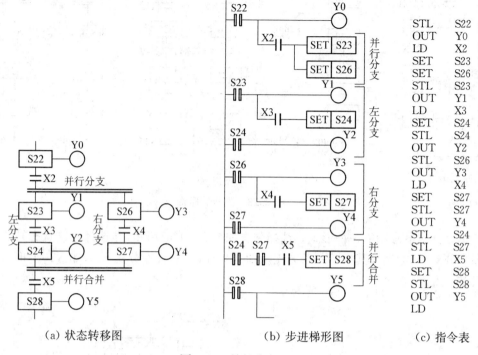

（a）状态转移图　　　　　（b）步进梯形图　　　　（c）指令表

图 2.30　并行分支

项目实施

1. 总体方案设计

总体设计方案应根据项目任务要求制定,主要内容包括技术路线、系统的结构、主要低压电器的选型及 PLC 的调试与验收标准等。在确定方案的基础上,编制项目实施计划,并指导实施。

2. 选型设计

根据总体设计方案选择 PLC 控制系统所需的各类元器件,包括 PLC 和低压电器两个部分。低压电器包括空气开关、交流接触器、按钮、指示灯等,PLC 部分主要是 PLC 型号的选择。

（1）PLC 型号的选择　目前我国常用的中小型 PLC 主要有德国西门子、日本三菱、日本欧姆龙等。本项目 PLC 控制系统有 6 个输入和 6 个输出,考虑一定的余量,选择三菱的 FX2N-48MR。

（2）低压电器的选型　低压电器的选型主要包括空气开关、接触器、电磁阀、按钮、指示灯、限位开关等元件的选型。

3. PLC 控制程序设计

（1）控制要求　一个将工件由 A 处传送到 B 处的机械手,上升/下降和左移/右移的执行用双线圈二位电磁阀推动汽缸完成。当某个电磁阀线圈通电,就一直保持现有的机械动作。例如,一旦下降的电磁阀线圈通电,机械手下降,即使线圈再断电,仍保持现有的下降动作状态,直到相反方向的线圈通电为止。另外,夹紧/放松由单线圈二位电磁阀推动汽缸完成,线圈通电时执行夹紧动作,线圈断电时执行放松动作。设备装有上、下限位和左、右限位开关,它的工作过程有 8 个动作,即

(2) 输入/输出接线列表　输入/输出接线见表 2.59。

表 2.59　输入/输出接线

输入接线	SB1	SQ1	SQ2	SQ3	SQ4	SB2
	X0	X1	X2	X3	X4	X5
输出接线	YV1	YV2	YV3	YV4	YV5	HL
	Y0	Y1	Y2	Y3	Y4	Y5

(3) 工作过程分析　当机械手处于原位时,上升限位开关 X002、左限位开关 X004 均处于接通("1"状态),移位寄存器数据输入端接通,使 M100 置"1",Y005 线圈接通,原位指示灯亮。

按下启动按钮,X000 置"1",产生移位信号,M100 的"1"态移至 M101,下降阀输出继电器 Y000 接通,执行下降动作。由于上升限位开关 X002 断开,M100 置"0",原位指示灯灭。

当下降到位时,下限位开关 X001 接通,产生移位信号,M100 的"0"态移位到 M101,下降阀 Y000 断开,机械手停止下降,M101 的"1"态移到 M102,M200 线圈接通,M200 动合触点闭合,夹紧电磁阀 Y001 接通,执行夹紧动作。同时,启动定时器 T0,延时 1.7 s。

机械手夹紧工件后,T0 动合触点接通,产生移位信号,使 M103 置"1","0"态移位至 M102,上升电磁阀 Y002 接通,X001 断开,执行上升动作。由于使用 S 指令,M200 线圈具有自保持功能,Y001 保持接通,机械手继续夹紧工件。

当上升到位时,上限位开关 X002 接通,产生移位信号,"0"态移位至 M103,Y002 线圈断开,不再上升,同时移位信号使 M104 置"1",X004 断开,右移阀继电器 Y003 接通,执行右移动作。

待移至右限位开关动作位置,X003 动合触点接通,产生移位信号,使 M103 的"0"态移位到 M104,Y003 线圈断开,停止右移,同时 M104 的"1"态已移到 M105,Y000 线圈再次接通,执行下降动作。

当下降到使 X001 动合触点接通位置,产生移位信号,"0"态移至 M105,"1"态移至 M106,Y000 线圈断开,停止下降,R 指令使 M200 复位,Y001 线圈断开,机械手松开工件。同时,T1

启动延时 1.5 s, T1 动合触点接通, 产生移位信号, 使 M106 变为"0"态, M107 为"1"态, Y002 线圈再度接通, X001 断开, 机械手又上升。行至上限位置, X002 触点接通, M107 变为"0"态, M110 为"1"态, Y002 线圈断开, 停止上升, Y004 线圈接通, X003 断开, 左移。

到达左限位开关位置, X004 触点接通, M110 变为"0"态, M111 为"1"态, 移位寄存器全部复位, Y004 线圈断开, 机械手回到原位。由于 X002, X004 均接通, M100 又被置"1", 完成一个工作周期。

再次按下启动按钮, 将重复上述动作。

(4) 梯形图参考程序 程序梯形图如图 2.31 所示。

4. 程序调试与运行

为了及时发现和消除程序中的错误, 确保系统正常运行, 需要对控制程序进行模拟离线调试和联机现场调试。在调试中, 重点注意以下问题:

(1) 程序能否满足控制要求。

(2) 发生意外事故时, 能否作出正确响应。

(3) 对现场干扰的适应能力如何。

控制程序先进行模拟离线调试, 没有问题后再进行联机现场调试。经过一段时间的试运行未出现问题后, 就可把控制程序固化到 EPROM 或 EEPROM 芯片中, 正式投入运行。

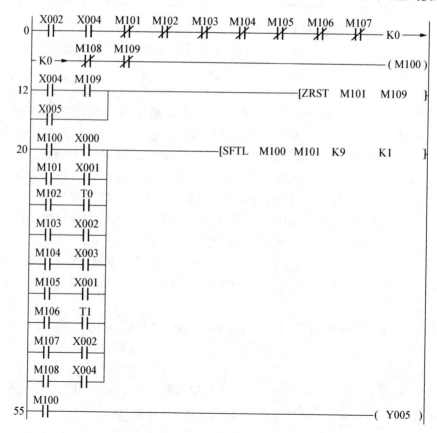

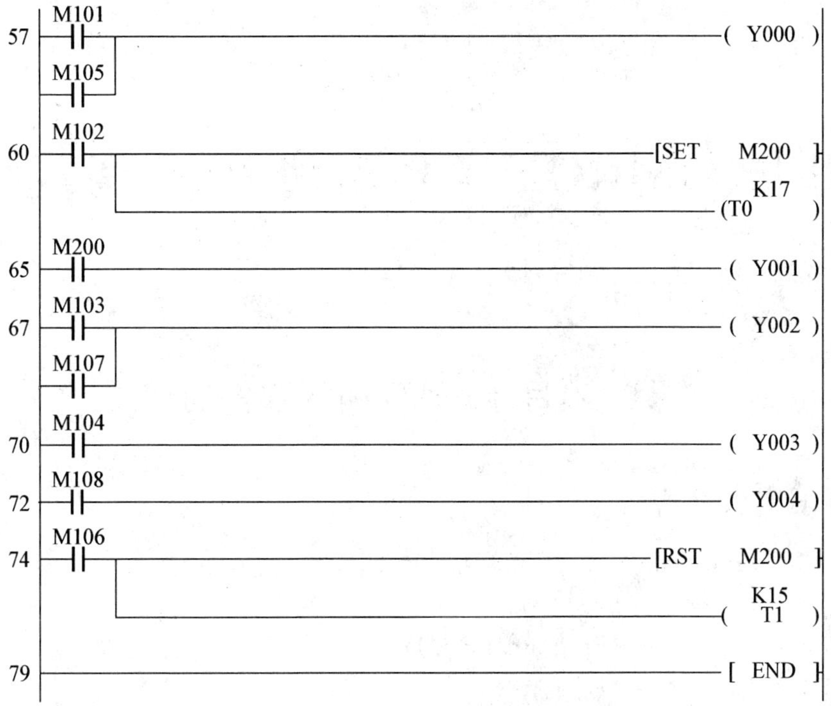

```
        M101
57      ─┤├──┬──────────────────────────────────( Y000 )
        M105 │
        ─┤├──┘

        M102
60      ─┤├──┬──────────────────────────[SET    M200 ]
             │                                  K17
             └────────────────────────────( T0       )

        M200
65      ─┤├──────────────────────────────────( Y001 )

        M103
67      ─┤├──┬──────────────────────────────────( Y002 )
        M107 │
        ─┤├──┘

        M104
70      ─┤├──────────────────────────────────( Y003 )

        M108
72      ─┤├──────────────────────────────────( Y004 )

        M106
74      ─┤├──┬──────────────────────────[RST    M200 ]
             │                                  K15
             └──────────────────────────(  T1        )

79      ──────────────────────────────────────[ END  ]
```

图 2.31　程序梯形图

第三部分

欧姆龙(OMRON)CP 系列 PLC 实践项目

3.1 项目 1 PLC 编程软件的使用

☀ 项目任务要求

任务:CX - Programmer 6.1 编程软件的使用。

任务目标:

(1) 了解编程软件 CX - Programmer 6.1;

(2) 了解编程软件常用的功能;

(3) 掌握梯形图编程和调试运行的方法。

使用 CX - Programmer 6.1 编程软件前,操作者应具有 Microsoft Windows 的操作经验,能够熟练使用鼠标和键盘,能从菜单栏进行功能选择,操作对话框,查找、打开和保存数据文件,编辑剪切和粘贴文本,熟悉计算机操作系统的桌面环境等。

☀ 相关知识

3.1.1 欧姆龙 CP 系列编程软件使用

PLC 在使用计算机编程时应安装专用的编程软件,通过 RS232C 接口(有时采用 RS422 接口)进行 PLC 与计算机之间的通信。欧姆龙 CP 系列 PLC 使用的是欧姆龙公司开发的 Windows 环境下的专用编程软件 CX - Programmer,该软件经历了 1.0 版、2.0 版到最新的 7.1 版本的升级过程。

CX - Programmer 6.1 为多个类型的欧姆龙 PLC 提供了通用的编程软件平台,能够对欧姆龙 CP 系列 PLC、CQ 系列 PLC、CS/CJ 系列 PLC、CV 系列 PLC,以及 C 系列 PLC 的程序进行建立、编辑、调试及监控。同时还具有完善的维护功能,能够兼容老版本 PLC 的控制程序,使程序的开发和系统维护更简单、便捷。

3.1.2 CX - Programmer 6.1 菜单及常用窗口介绍

CX - Programmer 6.1 编程软件界面包括标题栏、菜单栏、工具栏、状态栏、工程区窗口、图表工作窗口、地址引用工具窗口、查看窗口、输出窗口9个部分,如图3-1所示。工程区窗口、图表工作窗口、地址引用工具窗口、查看窗口可用"视图"菜单中的"窗口"选项进行操作,还可以单击工具栏中的相应图标选择。

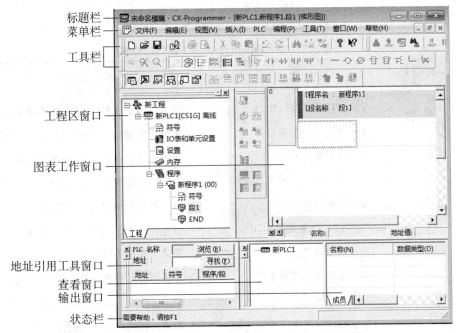

图3.1 CX-Programmer 6.1编程软件界面

1. 标题栏

显示打开的工程文件名称、编辑软件名称和其他信息。

2. 菜单栏

(1) 文件菜单 可完成如新建、打开、关闭、保存文件、文件的页面设置、打印预览和打印设置等操作。

(2) 编辑菜单 提供编辑程序用的各种工具,如选择、复制和粘贴程序块或数据块的操作,以及查找、替换、插入、删除等功能。

(3) 视图菜单 可以设置编程软件的开发环境,如选择梯形图或助记符编程窗口、打开或关闭其他窗口、显示全局符号或本地符号表等。

(4) 插入菜单 可在梯形图或助记符程序中插入行、列、指令或触点、线圈等功能。

(5) PLC菜单 实现计算机与PLC联机时的一些操作,如设置PLC的工作方式(离线或在线)和编程、调试、监视、运行工作模式,以及所有程序的在线编译、上载或下载程序、查看PLC的信息等操作。

(6) 程序菜单 实现梯形图和助记符程序的编译。

(7) 工具菜单 用于设置PLC的型号和网络配置工具,创建快捷键以及改变梯形图的

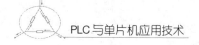

显示内容。

（8）窗口菜单 用于设置窗口的排放方式。

3. 工具栏

工具栏将编程软件中最常用的操作以图标按钮形式显示出来，提供更快捷的鼠标操作。可以在"视图"菜单中的"工具栏"选项操作显示或隐藏各种图标按钮，见表3.1。

表3.1 CX-Programmer 6.1 图标功能表

图标按钮	功 能	操 作
	显示或隐藏工程区窗口	单击可显示工程区窗口，再次单击隐藏
	显示或隐藏输出窗口	单击可显示输出窗口，再次单击关闭
	显示或隐藏查看窗口	单击可显示查看窗口，再次单击关闭
	显示浮动地址引用工具窗口	单击可显示地址引用工具窗口
	显示当前选项属性	单击可显示当前光标所在选项的属性
	创建PLC地址交叉引用表	单击生成PLC地址交叉引用表
	显示I/O注释图	单击可激活I/O注释图
	显示程序本地符号表	单击可显示程序本地符号表
	显示程序梯形图	单击可激活并显示梯形图视图
	显示助记符视图	单击可激活并显示助记符视图
16	切换监视为十六进制格式	单击可激活此视图

4. 状态栏

状态栏位于窗口底部。编写程序时，它提供一些有用的信息，如即时帮助、PLC在线或离线状态、PLC工作模式、连接的PLC和CPU类型、PLC连接时的循环时间及错误信息提示等。

5. 工程区窗口

在工程区窗口中，以分层树状结构显示与工程相关的PLC和程序的细节。一个工程可生成多个PLC，每个PLC包含全局符号表、设置、内存、程序等内容，而每个程序又包含本地符号表和程序段。工程区窗口可以实现快速编辑符号、设定PLC以及切换各个程序段的显示，单击图标按钮 可显示与隐藏该窗口。

要对工程区窗口中某个项目进行操作，可右击该项目图标，在出现的菜单中选择所需的命令。或者直接双击该项目图标进行操作。

6. 图表工作窗口

图表工作窗口用于编辑梯形图程序或语句表程序（即助记符语言），并可以显示全局符号和本地符号等内容，显示的内容取决于在工程区窗口中的操作。例如，双击工程工作区

"新工程"中"新 PLC1"下的"符号",将在图表工作窗口显示出全局符号表,若要返回梯形图视图可双击"新工程"/"新 PLC1"/"新程序"/"段"。

单击图标按钮[꿿]和[꿿]可激活并切换梯形图视图和助记符视图。

7. 输出窗口

输出窗口可显示程序编译的结果,如有无错误、错误的内容和位置,查找报表以及程序传送结果等信息。单击图标按钮[꿿]可显示与隐藏该窗口。

8. 查看窗口

查看窗口可同时显示多个 PLC 中某个地址编号的继电器的内容,以及它们的在线工作情况。单击图标按钮[꿿]可显示与隐藏该窗口。

9. 地址引用工具窗口

地址引用工具窗口用来显示具有相同地址编号的继电器在 PLC 程序中的位置和使用情况。单击图标按钮[꿿]可显示与隐藏该窗口。

3.1.3　CX‑Programmer 6.1 软件使用

编制用户程序可以按照以下基本步骤进行。

1. 元件和指令的放置

梯形图编程采用鼠标法、热键法和指令法均可调用、放置元件

(1) 鼠标法　移动光标到预定位置,单击编程界面下方的某个触点、线圈或指令等符号,输入元件标号、参数或指令,单击【确定】按钮,即可在光标所在位置放置元件或指令,如图 3.2 所示。

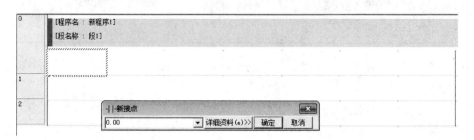

图 3.2　CX‑Programmer 6.1 编程界面

(2) 热键法　按某个编程热键(如输入常开触点的热键为[C]),其他操作过程同鼠标法。

(3) 指令法　如果对编程指令及其含义十分熟悉,就可以直接键入指令和参数,可快速放置元件和指令。例如,输入"LD 0.00",将在左母线加载一个 0.00 常开触点;输入"AND NOT 0.01",将串联一个常闭触点 0.01;输入"OUT 100.00",将一个编号为 100.00 的输出继电器线圈连接到右侧母线。程序行中的线段只能用鼠标法或热键法放置,且垂直线段将放置在光标的左下角。

图 3.3 鼠标右键菜单图

2. 梯形图编辑

（1）删除元件　按［Delete］键，删除光标处元件；按［Back Space］键，删除光标前面的元件。线段则使用鼠标法和热键法删除。

（2）修改元件　选中元件，按［Enter］键，或者双击要修改的元件，在弹出的对话框中输入指令、触点或指令符号，可对该元件进行修改和编辑。

（3）右键菜单　右击元件，弹出右键菜单，如图 3.3 所示，可以对光标所在范围进行删除、剪切、复制、粘贴等操作。

项目实施

（1）程序编辑　单击"文件/新建"菜单，打开软件编程界面，在编程过程中为白色背景，进行梯形图程序的编辑工作。

（2）保存程序　单击"文件/保存"菜单，选择保存盘符路径及文件名，利用计算机保存程序文件。

（3）程序调用　单击"文件/打开"菜单，选择路径和文件名称，从计算机调入相应 PLC 程序。

（4）程序下载　单击"PLC"/"传送"/"到 PLC"菜单，将程序下载至 PLC 主机，此过程PLC 主机面板上的 RUN 指示灯闪烁，表示程序正在进行下载。在编程软件 CX - Programmer 6.1中完成图 3.4 所示梯形图程序段的编写，保存并运行，观察现象。

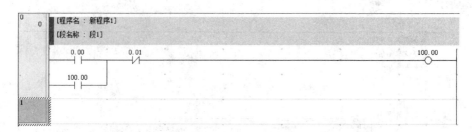

图 3.4 梯形图程序段

3.2　项目 2　CP 系列 PLC 常用基本指令编程练习

项目任务

任务：常用基本指令编程训练。

任务目标：

（1）了解 PLC 控制系统的硬件接线原理；

(2) 掌握PLC常用基本指令的功能;

(3) 掌握梯形图编程方法。

☆ 相关知识

3.2.1　PLC硬件接线原理及输入/输出继电器

PLC硬件接线原理图(见图1.1)中,输入模块与发出控制信号的主令电器(按钮、开关)通过输入端子(I)连接,输出模块同外部负载(接触器、电磁阀)通过输出端子(O)连接。

1. 输入继电器

输入模块中,一个输入继电器对应PLC输入接口(I)的一个接线点。输入继电器线圈只能由外部信号驱动,并提供无限个常开、常闭触点以供编程。梯形图程序中,不会出现输入继电器线圈,只能出现输入继电器线圈对应的触点。输入回路由PLC内置直流电源独立供电。

2. 输出继电器

输出模块中,输出接口(O)的一个接线点对应一个输出继电器。输出继电器线圈只能由程序驱动,不仅为程序内部提供了无限多个常开、常闭触点,还为输出模块提供一个常开触点与输出接线端相连。输出回路由用户提供一个单独驱动外部负载的交流电源。

3.2.2　PLC常用基本指令功能

欧姆龙(OMRON)CP系列PLC常用基本指令功能,见表3.2所示。

表3.2　CP系列PLC主机基本指令功能表

助记符	名称	梯形符号	功　能
LD	读	母线　　电路块的接点	指定位用于指令行的开始或使用AND LD和OR LD指令时定义逻辑块
LD NOT	读非	母线　　电路块的接点	指定位用于指令行的开始或使用AND LD和OR LD指令时定义逻辑块
AND	与		指定位与执行条件进行逻辑与运算
AND NOT	与非		指定位的非与执行条件进行逻辑与运算
AND LD	逻辑块与	电路块　　电路块	前面程序块进行逻辑与运算的结果
OR	或	母线	指定位与执行条件进行逻辑或运算

助记符	名称	梯形符号	功 能
OR NOT	或非	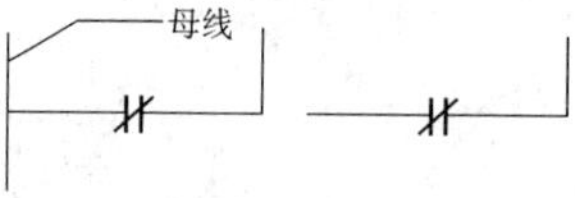 母线	指定位的非与执行条件进行逻辑或运算
OR LD	逻辑块或	 电路块 / 电路块	前面程序块进行逻辑或运算的结果
OUT	输出	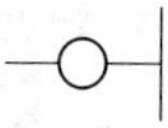 ─○─	在执行条件为 ON 时,使操作数位变 ON(OFF)
OUT NOT	输出非指令	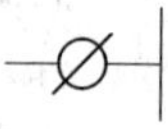 ─⊘─	在执行条件为 OFF 时,使操作数位变 OFF(ON)
END(001)	结束指令	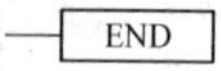 END	结束程序

1. 读指令 LD/读非指令 LD NOT

（1）读指令 LD 表示逻辑起始,读取指定接点的 ON/OFF 内容。用于从母线开始的第一个常开接点,或者从电路块开始的第一个常开接点。

（2）读非指令 LD NOT 表示逻辑起始,读取指定接点的 ON/OFF 内容取反后读入。用于从母线开始的第一个常闭接点,或者从电路块开始的第一个常闭接点。

2. 与指令 AND/与非指令 AND NOT

（1）与指令 AND 取指定接点的 ON/OFF 内容与前面的输入条件之间的逻辑积。用于串联的常开接点,不能直接连接在母线上。此外,不能用于电路块的开头。

（2）与非指令 AND NOT 对指定接点的 ON/OFF 内容取反后与前面的输入条件之间的逻辑积。用于串联的常闭接点,不能直接连接在母线上。此外,也不能用于电路块的开始部分。

3. 或指令 OR/或非指令 OR NOT

（1）或指令 OR 取指定接点的 ON/OFF 内容与前面的输入条件之间的逻辑和。用于并联连接的常开接点。

（2）或非指令 OR NOT 对指定接点 ON/OFF 内容取反后与前面输入条件之间的逻辑和。用于并联连接的常闭触点。

4. 块与指令 AND LD

取电路块之间的逻辑积,用于电路块的串联连接,如图 3.5 所示。所谓逻辑块是指从 LD/LD NOT 指令开始,到下一个 LD/LD NOT 指令之前的部分电路。

注:串联 3 个以上的电路块时,使用 AND LD 指令可以有两种方法,一种是分置法,另一种是后置法,如图 3.6 所示,程序见表 3.3。

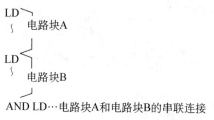

AND LD…电路块A和电路块B的串联连接

图3.5 块与指令功能说明

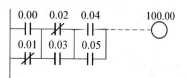

图3.6 块与指令梯形图

表3.3 块与指令程序

分置法		后置法	
指令	数据	指令	数据
LD	0.00	LD	0.00
OR NOT	0.01	OR NOT	0.01
LD NOT	0.02	LD NOT	0.02
OR	0.03	OR	0.03
AND LD	—	LD	0.04
LD	0.04	OR	0.05
OR	0.05	:	:
AND LD	—	AND LD	
:	:	AND LD	—
OUT	100.00	:	:
		OUT	100.01

通过 AND LD 指令连接电路块时，AND LD 指令数量必须与 LD/LD NOT 指令数量减 1 的数值相等，若不相等则出现电路错误。两种方法的主要区别在于：后置法要求 AND LD 指令之前的电路块数量不能大于 8 组，即不能出现连续 9 个或 9 个以上的 AND LD 指令；而分置法，则对于串联的电路块数量无限制。

5. 块或指令 OR LD

取电路块之间的逻辑和。用于电路块的并联连接，如图 3.7 所示。

注：类似于 AND LD 指令，OR LD 指令也有两种用法，即分置法和后置法，如图 3.8 所示，程序见表 3.4。

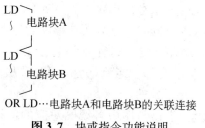

OR LD…电路块A和电路块B的关联连接

图3.7 块或指令功能说明

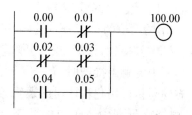

图3.8 块或指令梯形图

表 3.4　块或指令程序

分置法		后置法	
指令	数据	指令	数据
LD	0.00	LD	0.00
AND NOT	0.01	AND NOT	0.01
LD NOT	0.02	LD NOT	0.02
AND NOT	0.03	AND NOT	0.03
OR LD	—	LD	0.04
LD	0.04	AND	0.05
AND	0.05	;	;
OR LD	—	OR LD	—
;	;	OR LD	—
OUT	100.00	;	;
		OUT	100.01

通过 OR LD 指令连接电路块时,其具体要求与 AND LD 指令相似,读者可以类比学习,这里不再赘述。

6. 输出指令 OUT/输出非指令 OUT NOT

(1) 输出指令 OUT　将逻辑运算处理结果输出到指定接点。根据输入条件(功率流)的内容驱动存储器的指定位。

(2) 输出非指令 OUT NOT　将逻辑运算处理结果取反输出到指定接点。根据输入条件(功率流)的内容取反驱动存储器的指定位。

7. 结束指令 END

表示一个程序的结束。对于一个程序,通过本指令的执行,结束该程序的执行。因此,END 指令之后的其他指令不被执行。

注:在一个程序的最后,必须输入该 END 指令,无 END 指令时,将出现程序错误。

3.2.3　PLC 梯形图语言编程

1. 梯形图编程语言特点

(1) PLC 梯形图中的某些编程元件沿用了继电器这一名称,如输入继电器、输出继电器、内部辅助继电器等,但是它们不是真实的物理继电器(即硬件继电器),而是在软件中使用的编程元件。每一编程元件与 PLC 存储器中元件映像寄存器的一个存储单元相对应。

(2) 梯形图两侧的垂直公共线称为公共母线(BUS bar)。在分析梯形图的逻辑关系时,为了借用继电器电路的分析方法,可以想象左、右两侧母线之间有一个左正、右负的直流电源电压,当图中的触点接通时,有一个假想的"概念电流"或"能流(power flow)"从左到右流动,这一方向与执行用户程序时的逻辑运算的顺序是一致的。

(3) 根据梯形图中各触点的状态和逻辑关系,求出与图中各线圈对应的编程元件的状态,称为梯形图的逻辑解算。逻辑解算是按梯形图中从上到下、从左到右的顺序进行的。

(4)梯形图中的线圈和其他输出指令应放在最右边。

(5)梯形图中各编程元件的常开触点和常闭触点均可以无限多次地使用。

2. 可编程控制器的编程步骤

(1)确定被控系统必须完成的动作及完成这些动作的顺序。

(2)分配输入/输出设备,即确定哪些外围设备是送信号到 PLC,哪些外围设备是接收来自 PLC 信号的。并将 PLC 的输入、输出口与之对应进行分配。

(3)设计 PLC 程序,画出梯形图。梯形图体现了按照正确的顺序所要求的全部功能及其相互关系。

(4)实现用计算机对 PLC 的梯形图直接编程。

(5)对程序进行调试(模拟和现场)。

(6)保存已完成的程序。

3. 编程规则

(1)外部输入/输出继电器、内部继电器、定时器、计数器等器件的接点可多次重复使用,无需用复杂的程序结构来减少接点的使用次数。

(2)梯形图每一行都是从左母线开始,线圈接在右边。接点不能放在线圈的右边,在继电器控制的原理图中,热继电器的接点可以加在线圈的右边,而 PLC 的梯形图是不允许的。

(3)线圈不能直接与左母线相连。如果需要,可以通过一个没有使用的内部继电器的常闭接点或者特殊内部继电器的常开接点连接。

(4)同一编号的线圈在一个程序中使用两次称为双线圈输出。双线圈输出容易引起误操作,应尽量避免线圈重复使用。

(5)梯形图程序必须符合顺序执行的原则,即从左到右、从上到下地执行,如不符合顺序执行的电路就不能直接编程。

(6)在梯形图中串联接点使用的次数没有限制,可无限次地使用。

(7)两个或两个以上的线圈可以并联输出。

🔆 项目实施

用梯形图语言编制完成图 3.9 所示程序段。

这是一段用基本指令完成的程序,控制过程如下:在触点 0.00 和 0.01 均导通时,当触点 0.02 导通则输出继电器 102.00 得电,此时只能由触点 0.03 断开 102.00;当触点 1.01 导通则输出继电器 102.00 也得电,此时只能由触点 1.00 断开 102.00,保存并运行,观察现象。

提示:输入触点可外接开关,输出继电器 102.00

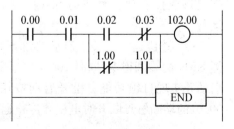

图 3.9　基本指令梯形图

可驱动外部 LED 指示灯作为负载。

此程序中所使用的基本指令,见表 3.5。

表 3.5　图 3.9 对应语句表

程序地址	指令语言(助记符)	操作数	程序地址	指令语言(助记符)	操作数
0	LD	0.00	5	AND	1.01
1	AND	0.01	6	OR LD	
2	LD	0.02	7	AND LD	
3	AND NOT	0.03	8	OUT	102.00
4	LD NOT	1.00	9	END	

3.3　项目 3　三相异步电动机点动、连续运行控制编程训练

项目任务

任务:三相异步电动机点动、连续运行控制。

任务目标:

(1) 掌握电动机点动、连续运行 PLC 控制梯形图程序;

(2) 加深理解点动运行和连续运行控制特点;

(3) 巩固 PLC 基本指令编程方法。

相关知识

图 3.10 所示为三相异步电动机点动和连续运行的控制面版图,其电动机点动、连续运行控制工作原理如下。

(1) 点动运行　按下启动按钮 SB1,00.00 的动合触点闭合,100.03 线圈得电,即接触器 KM4 的线圈得电;同时 100.00 线圈得电,即接触器 KM1 的线圈得电,电动机作星形连接启动。每按动 SB1 一次,电机运转一次;松开启动按钮 SB1,则电动机停止运行。

(2) 连续运行　按下启动按钮 SB1,00.00 的动合触点闭合,100.03 线圈得电,即接触器 KM4 的线圈得电,同时 100.00 线圈得电,即接触器 KM1 的线圈得电,电动机作星形连接启动并实现自锁功能。松开启动按钮 SB1,则电动机继续运行,只有按下停止按钮 SB2,00.01 的动断触点断开时电机才停止运行。

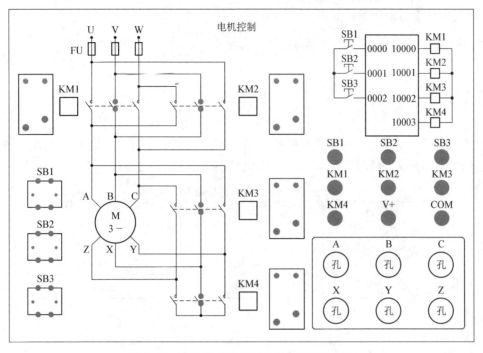

图 3.10　电动机点动和连续运行控制面板图

项目实施

按照下述步骤编写电动机点动和连续运行控制梯形图程序,并调试运行。

(1) 点动运行　输入/输出接线端地址编号(I/O 分配),见表 3.6。根据控制任务要求编制梯形图程序,如图 3.11 所示。

表 3.6　电动机点动运行控制 I/O 分配表

输入(I)	SB1	
	00.00	
输出(O)	KM1	KM4
	100.00	100.03

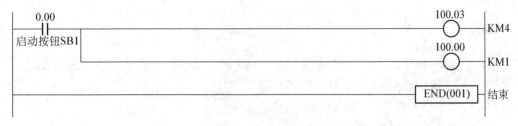

图 3.11　点动运行控制梯形图程序

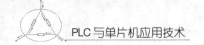

该程序对应的语句表如下:

```
LD      00.00
OUT     100.03
OUT     100.00
END
```

（2）连续运行　输入/输出接线端地址编号（I/O分配），见表3.7。根据控制任务要求编制梯形图程序，如图3.12所示。

表3.7　电动机连续运行控制 I/O 分配表

输入（I）	SB1	SB2
	00.00	00.01
输出（O）	KM1	KM4
	100.00	100.03

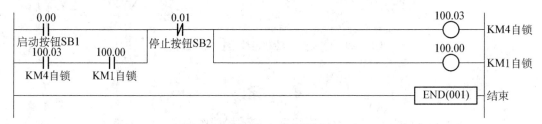

图3.12　连续运行控制梯形图程序

该程序对应的语句表如下:

```
LD          00.00
LD          100.03
AND         100.00
OR LD
AND NOT     00.01
OUT         100.03
OUT         100.00
END
```

电机接线端子与实验面板接线端子相对应（例如，电机 A→面板 A），所有输出端的 COM 与"－"相接，输入端的 COM 与"＋"相接。

（3）打开主机电源将程序下载到主机中。

（4）启动并运行程序观察现象。

任务中用到的PLC基本指令有读指令LD(load)、与指令AND、与非指令AND NOT、逻辑块或指令OR LD,以及输出指令OUT和结束指令END。用指令助记符描述梯形图的组成结构就构成了语句表,梯形图和语句表可以相互转换。

3.4　项目4　CP系列PLC功能指令编程练习

项目任务

任务:三相异步电动机星/三角换接启动PLC控制。

任务目标:掌握使用定时器指令完成定时操作的编程方法。

相关知识

3.4.1　功能指令

1. 定时/计数器指令

在CP系列中,可以选BCD方式(模式)或BIN方式(模式)作为定时器/计数器相关指令的当前值更新方式。通过设定BIN方式(模式),可以将定时器/计数器的设定时间从之前的0~9 999扩展到0~65 535,同时也可以将其他指令计算出的BIN数据作为定时器/计数器的设定值使用。相关定时器和计数器指令语言表,见表3.8。

表3.8　定时器/计数器指令语言

指令分类	指令名	助记符	
		BCD方式	BIN方式
定时器/计数器指令	定时器(100 ms)	TIM	TIMX(550)
	高速定时器(10 ms)	TIMH(015)	TIMHX(551)
	超高速定时器(1 ms)	TMHH(540)	TMHHX(552)
	累计定时器(100 ms)	TTIM(087)	TTIMX(555)
	长时间定时器(100 ms)	TIML(542)	TIMLX(553)
	多输出定时器(100 ms)	MTIM(543)	MTIMX(554)
	计数器	CNT	CNTX(546)
	可逆计数器	CNTR(012)	CNTRX(548)
	定时器/计数器复位	CNR(545)	CNRX(547)
块程序指令	定时器等待(100 ms)	TIMW(813)	TIMWX(816)
	高速定时器等待(10 ms)	TMHW(815)	TMHWX(817)
	计数器等待	CNTW(814)	CNTWX(818)

(1) 定时器TIM/TIMX(550)　定时器TIM/TIMX进行减法式接通延时0.1 s的定时动作。

① 设定时间:BCD方式时为0~999.9 s,BIN方式时为0~6 553.5 s。梯形图符号和操作数说明,见表3.9。

表 3.9　定时器符号和操作数说明

当前值更新方式	符　号		操作数说明
BCD	TIM N S	N:定时器编号 S:定时器设定值	N:0～4095(10 进制) S:♯0000～9999(BCD)
BIN	TIMX N S	N:定时器编号 S:定时器设定值	N:0～4095(10 进制) S:&0～65535(10 进制)或 ♯0000～FFFF(16 进制)

② 功能说明:定时器输入由 OFF 变为 ON 时,启动定时器,开始定时器当前值的减法运算。定时器输入为 ON 的过程中,进行定时器当前值的更新操作。定时器当前值变为 0 时,定时器线圈由 OFF 变为 ON,其常开触点闭合,常闭触点断开。若要重新开始定时,需将定时器复位,即输入端从 ON 变为 OFF。定时器指令功能说明,如图 3.13 所示。

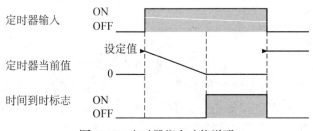

图 3.13　定时器指令功能说明

(2) 计数器 CNT/CNTX(546)　计数器 CNT/CNTX 进行减法计数的动作。

① 设定值:BCD 方式时为 0～9 999 次,BIN 方式时为 0～65 535 次。符号和操作数说明,见表 3.10 所示。

表 3.10　计数器符号和操作数说明

当前值更新方式	符　号		操作数说明
BCD	计数器输入 ┤ CNT 复位输入 ┤ N S	N:计数器编号 S:计数器设定值	N:0～4095(十进制) S:♯0000～9999(BCD)
BIN	计数器输入 ┤ CNTX 复位输入 ┤ N S	N:计数器编号 S:计数器设定值	N:0～4095(十进制) S:&0000～65535(十进制)或 ♯0000～FFFF(十六进制)

② 功能说明:每次计数输入信号上升沿时,计数器当前值将进行减 1 操作。当计数器当前值＝0 时,计数器线圈为 ON,其常开触点闭合,常闭触点断开。复位输入为 ON 时被复位(当前值＝设定值,计数结束标志＝OFF),计数输入无效。如果计数结束后,不使复位输入为 ON 对计数器进行复位,则其无法重启。计数器具有断电保持作用,其指令功能说明如图 3.14 所示。

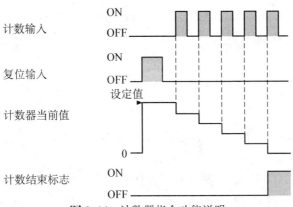

图 3. 14　计数器指令功能说明

　　例如，由定时器、计数器组成的长延时程序，如图 3.15、图 3.16 所示，指令表见表 3.11、表 3.12：

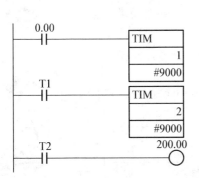

图 3. 15　TIM＋TIM(定时 30 分钟)长延时梯形图程序

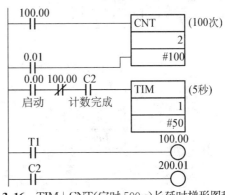

图 3. 16　TIM＋CNT(定时 500 s)长延时梯形图程序

表 3.11　TIM＋TIM 长延时指令表

程序地址	指令	数据
000000	LD	000000
000001	TIM	0001
		＃9000
000002	LD	T0001
000003	TIM	0002
		＃9000
000004	LD	T0002
000005	OUT	200.00

表 3.12　TIM＋CNT 长延时指令表

程序地址	指令	数据
000000	LD	100.00
000001	LD	0.01
000002	CNT	0002
		＃100
000003	LD	0.00
000004	AND NOT	100.00
000005	ANT NOT	C0002
000006	TIM	0001
		＃50
000007	LD	T0001
000008	OUT	100.00
000009	LD	C0002
000010	OUT	200.01

通过 TIM0001 每 5 s 产生一次脉冲,通过 CNT0002 对每隔 5 s 发出的脉冲进行计数;定时总时间为

$$定时器时间 \times 计数次数。$$

此例为 500 s 定时操作。

2. 时序输出指令

(1) 前沿微分 DIFU(013) 输入信号为上升沿(OFF 变为 ON)时,指定线圈的一个扫描周期为 ON,梯形图符号如图 3.17(a)所示。

输入信号为上升沿(OFF 变为 ON)时,将操作元件 R 所指定的线圈在一个扫描周期内为 ON,一个扫描周期后,在本指令执行时为 OFF,如图 3.17(b)所示。应用示例如图 3.18 所示。

图 3.17 前沿微分指令梯形图符号及功能说明

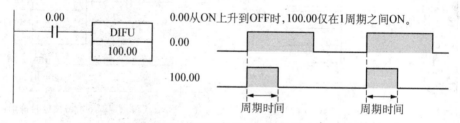

图 3.18 前沿微分指令梯形图及时序

(2) 后沿微分 DIFD(014) 输入信号的下降沿(ON 变为 OFF)时,指定线圈的一个扫描周期为 ON,其梯形图符号如图 3.19(a)所示。

输入信号的下降沿(ON 变化 OFF)时,将操作元件 R 所指定的线圈在一个扫描周期内为 ON,一个扫描周期后,在本指令执行时为 OFF,如图 3.19(b)所示。应用示例如图 3.20 所示。

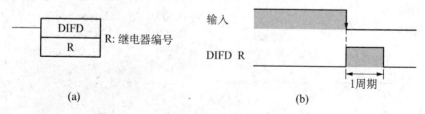

图 3.19 后沿微分指令梯形图符号及功能说明

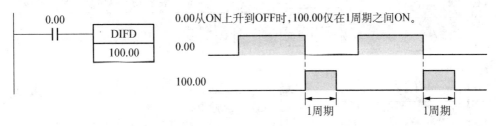

图 3.20　后沿微分指令梯形图及时序

（3）保持 KEEP(011)　进行保持继电器（自保持）的动作,其梯形图如图 3.21(a)所示。

置位输入（输入条件）为 ON 时,保持操作元件 R 所指定继电器的 ON 状态,复位输入为 ON 时,进入 OFF 状态,如图 3.21(b)所示。

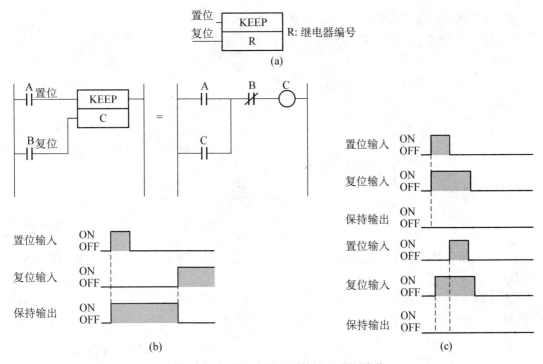

图 3.21　保持指令梯形图符号及功能说明

置位输入（输入条件）和复位输入同时为 ON 时复位输入优先,复位输入为 ON 时不接受置位输入,如图 3.22(c)所示。

应用示例如图 3.22 所示,指令表见表 3.13。当 0.00 为 ON 时,保持 100.00 为 ON 的状态;0.01 为 ON 时,100.00 为 OFF;0.02 为 ON,0.03 为 OFF 时,保持 100.01 为 ON 的状态;0.04 或 0.05 为 ON 时,100.01 为 OFF。

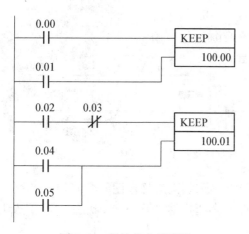

图3.22 保持指令梯形图

表3.13 保持指令表

程序地址	指令	数据
000100	LD	0.00
000101	LD	0.01
000102	KEEP(011)	100.00
000103	LD	0.02
000104	AND NOT	0.03
000105	LD	0.04
000106	OR	0.05
000107	KEEP(011)	100.01

(4) 置位指令(SET)/复位指令(RSET)

① 置位指令(SET):输入条件为 ON 时,将指定的线圈置于 ON,梯形图符号如图 3.23(a)所示。

输入条件为 ON 时,将 R 所指定的线圈置于 ON。无论输入条件是 OFF 还是 ON,指定接点 R 将始终保持 ON 状态,如图 3.23(b)所示。若要进入 OFF 状态,应使用 RSET 指令。

图3.23 SET 指令梯形图符号及功能说明

② 复位指令(RSET):输入条件为 ON 时,将指定的线圈置于 OFF,进行复位,梯形图符号如图 3.24(a)所示。

输入条件为 ON 时,将 R 所指定的线圈置于 OFF。无论输入条件是 OFF 还是 ON,指定线圈 R 将始终保持 OFF 状态,如图 3.24(b)所示。若要进入 ON 状态,则使用 SET 指令。

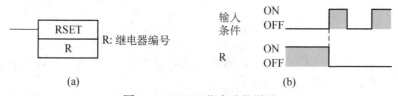

图3.24 RSET 指令功能说明

3. 数据传送指令

(1) 传送 MOV(021)　将通道数据或常数以 16 位输出至传送目的地 CH,梯形图符号如图 3.25(a)所示。将 S 传送到 D,S 为常数时,可用于数据设定。

注:MOV 指令可用作每次刷新指令(！MOV),此时可在 S 中指定进行外部 I/O 分配的输入继电器区域,同时在 D 中指定进行外部 I/O 分配的输出继电器区域。在 S 中指定外部输入时,指令执行时对 S 的值进行 IN 刷新,将改值传送到 D。在 D 中指定外部输出时,指令执行时将 S 的值传送到 D,及时进行 OUT 刷新。对 S 进行 IN 刷新,同时也可以对 D 进行 OUT 刷新。

应用示例如图 3.25(b)所示。

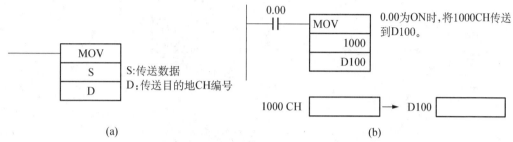

图 3.25　传送指令梯形图及功能说明

（2）否定传送 MOVN(022)　将通道数据或常数按位取反后,数据以 16 位为单位输出到指定的通道,梯形图符号如图 3.26(a)所示。

对 S 的 16 位进行取反后传送到 D,应用示例如图 3.26(b)所示。

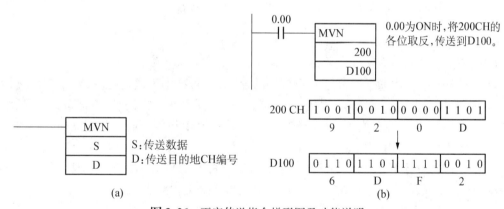

图 3.26　否定传送指令梯形图及功能说明

（3）移位寄存器 SFT(010)　进行移位寄存器的动作操作,梯形图符号如图 3.27(a)所示。

移位信号输入上升(OFF 变为 ON)时,从 D1 到 D2 均向左(最低位→最高位)移 1 位,在最低位中反映数据输入的 ON/OFF 内容,如图 3.27(b)所示

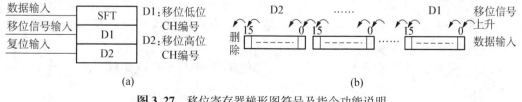

图 3.27　移位寄存器梯形图符号及指令功能说明

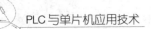

注:删除溢出移位范围的位的内容。复位输入为 ON 时,对从 D1 所指定的移位低位通道编号到 D2 所指定的移位高位通道编号为止进行复位清零。复位输入为 ON 时,其他输入均无效。移位通道范围设定基本为 D1≤D2,即使指定为 D1＞D2,也不会出错,仅仅是 D1 进行本通道内的移位。应用示例如图 3.28 所示。

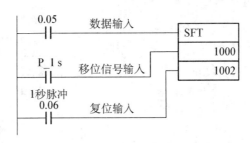

使用 1000～1002 CH 的 48 位的移位寄存器。

如果在移位信号输入中使用时钟脉冲 1 s,每 1 秒输入继电器 0.05 的内容将移位到 1000.00～1002.15。

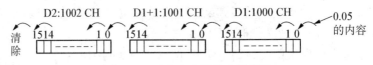

图 3.28　移位寄存器指令梯形图

4. 数据比较指令

(1) 符号比较＝,＜＞,＜,＜＝,＞,＞＝(S, L)(LD, AND, OR 型)(300～328) 对两个通道数据或常数进行无符号或带符号的比较,比较结果为真时,连接到下一段之后。连接型有 LD(读)连接、AND(与)连接、OR(或)连接 3 种类型。比较时,按是否为符号数分为无符号和有符号(S)两种类型,按字数分为通道数据比较和倍长通道数据比较两种类型。其梯形图符号如图 3.29(a)所示。

对 S1 和 S2 进行无符号或带符号的比较,比较结果为真时,连接到下一段之后,与 LD, AND, OR 指令同样处理。在指令之后,继续对其他指令进行编程。

① LD 型时:可以直接连接到母线上。

② AND 型时:不可直接连接到母线上。

③ OR 型时:可以直接连接到母线上。

注:与 CMP 指令 CMPL 指令不同,由于将比较的结果直接反映到下一段电路的输入条件,因此没有必要读取状态标志。应用示例如图 3.29(b)所示。

(2) 无符号比较 CMP(020)/无符号倍长比较 CMPL(060)　对两个通道数据或常数进行无符号 BIN16 位(十六进制 4 位)的比较,将比较结果反映到状态标志中。梯形图符号如图 3.30(a)所示。

对 S1, S2 进行无符号 BIN(十六进制 4 位)的比较,将结果反映到状态标志(＞,＞＝,＝,＜＞,＜,＜＝)中,如图 3.30(b)所示。

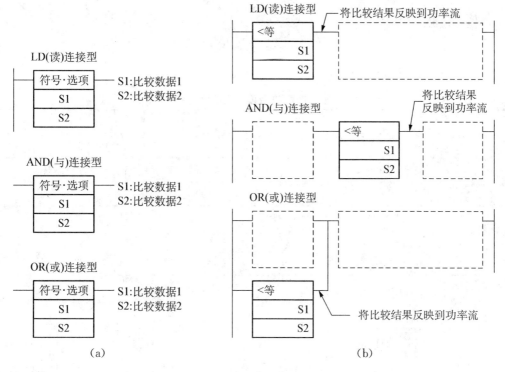

图 3.29 符号比较指令梯形图及功能说明

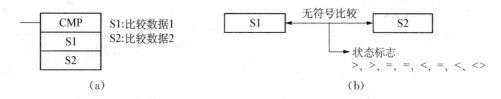

图 3.30 无符号比较指令梯形图符号及功能说明

执行 CMP 指令后，＞，＞＝，＝，＜＞，＜，＜＝的各状态标志进行 ON/OFF。无符号倍长比较 CMPL（060）对 4 个通道数据进行比较，指令的执行方式与 CMP 指令基本相同。

3.4.2 三相异步电动机星/三角换接启动控制工作原理

按启动按钮 SB1，00.00 的动合触点闭合，内部辅助继电器 20.00 线圈得电，20.00 的动合触点闭合。同时 100.00 线圈得电，即接触器 KM1 的线圈得电。1S 后 100.03 线圈得电，即接触器 KM4 的线圈得电，电动机作星形连接启动；6 s 后 100.03 的线圈失电，即接触器 KM4 线圈失电断开；0.5 s 后 100.02 线圈得电，即接触器 KM3 线圈得电闭合，电动机转为三角形运行方式。按下停止按钮 SB3 电机停止运行。

项目实施

编写电动机星/三角换接启动控制梯形图程序,并运行。

输入/输出接线端地址编号(I/O分配),见表3.14。

表 3.14 电动机星/三角换接启动控制 I/O 分配表

输入(I)	SB1		SB3
	00.00		00.02
输出(O)	KM1	KM4	KM3
	100.00	100.03	100.02

根据控制任务要求编制梯形图程序,如图 3.31 所示。

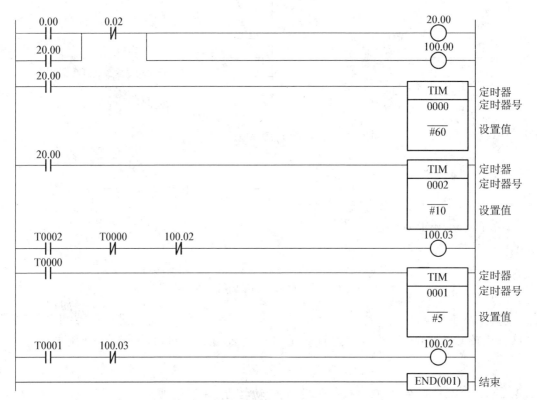

图 3.31 电动机星/三角换接启动控制梯形图程序

该程序对应的语句表如下:

```
LD        0.00
OR        20.00
```

```
ANDNOT          0.02
OUT             20.00
OUT             100.00
LD              20.00
TIM             0000   #60
LD              20.00
TIM             0002   #10
LD              T0002
ANDNOT          T0000
ANDNOT          100.02
OUT             100.03
LD              T0000
TIM             0001  #5
LD              T0001
ANDNOT          100.03
OUT             100.02
END
```

3.5 项目 5 计数器灯光 PLC 控制

项目任务

任务:计数器灯光 PLC 控制系统设计。

任务目标:

(1) 熟悉计数器指令的功能;

(2) 掌握计数器灯光控制的编程方法。

相关知识

计数器灯光控制工作原理为:按下按钮 SB1 再松开,如此连续 5 次,使红色 LED 灯点亮,按下按钮 SB2 再松开,使灯光熄灭。

这是一个计数器控制程序,按钮 SB1 作为计数输入,计数器可以对按钮 SB1 的闭合次数进行计数,达到计数设定值 5 次,计数器线圈得电,其常开触点闭合,使 LED 灯点亮并保持。按钮 SB2 作为计数器的复位输入,使计数器复位清零,其常开触点断开使灯光熄灭。

项目实施

编写计数器灯光控制梯形图程序,并运行。输入/输出接线端地址编号(I/O 分配),见表 3.15。

表 3.15 计数器灯光控制 I/O 分配表

输入(I)	SB1	SB2
	00.00	00.01
输出(O)	红色 LED 灯	
	100.00	

根据控制任务要求编制梯形图程序,如图 3.32 所示。

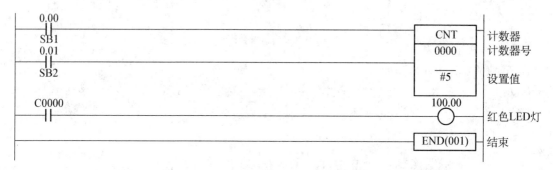

图 3.32 计数器灯光控制梯形图程序

语句表如下:

```
LD        0.00
LD        0.01
CNT       0000    #5
LD        C0000
OUT       100.00
END
```

3.6 项目6 机电设备装配流水线的控制

项目任务

任务:机电设备装配流水线的 PLC 控制系统设计。

任务目标:

(1) 熟悉移位寄存器指令、前沿微分指令的功能；

(2) 掌握以移位寄存器指令为核心的装配流水线控制编程方法。

相关知识

机电设备装配流水线 PLC 控制工作原理为：传送带共有 16 个工位。工件从 1 号位装入，依次经过 2 号位、3 号位……16 号工位。在这个过程中，工件分别在 A(操作 1)、B(操作 2)、C(操作 3)3 个工位完成 3 种装配操作，经最后一个工位送入仓库。

按下启动开关 SD，程序按照 D→A→E→B→F→C→G→H 流水线顺序自动循环执行；在任意状态下，选择复位按钮程序都返回到初始状态；选择移位按钮，每按动一次，工件运行一步。

项目实施

编写装配流水线控制梯形图程序，并运行。输入/输出接线端地址编号(I/O 分配)，见表 3.16。

表 3.16　机电设备装配流水线控制 I/O 分配表

输入(I)	启动	移位	复位					
	0000	0001	0002					
输出(O)	D	A	E	B	F	C	G	H
	10001	10001	10002	10003	10004	10005	10006	10007

根据控制任务要求编制梯形图程序如图 3.33 所示。

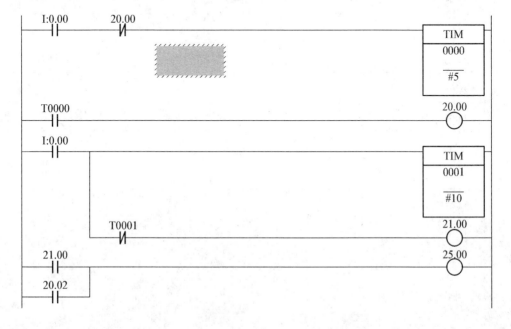

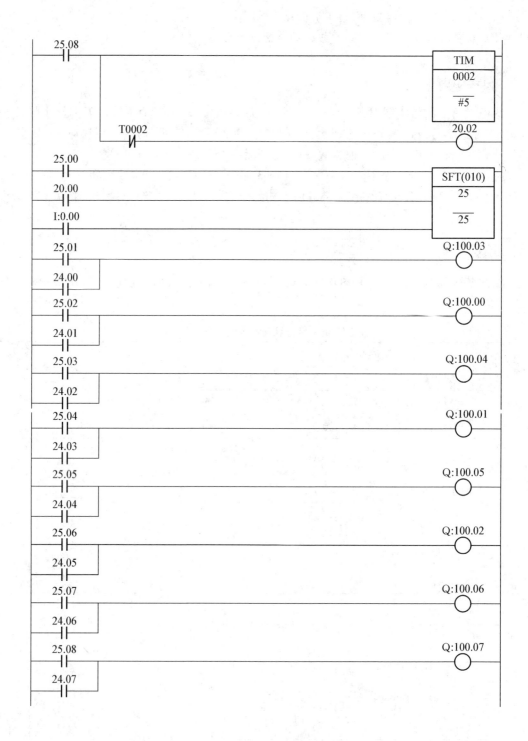

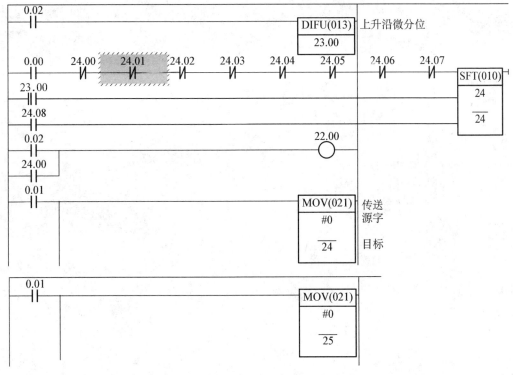

图 3.33 机电设备装配流水线控制梯形图程序

语句表如下：

LD	0.00	
ANDNOT	20.00	
TIM	0000	#5
LD	T0000	
OUT	20.00	
LD	0.00	
TIM	0001	#10
ANDNOT	T0001	
OUT	21.00	
LD	21.00	
OR	20.02	
OUT	25.00	
LD	25.08	
TIM	0002	#5
ANDNOT	T0002	

OUT	20.02	
LD	25.00	
LD	20.00	
LDNOT	0.00	
SFT(010)	25	25
LD	25.01	
OR	24.00	
OUT	100.03	
LD	25.02	
OR	24.01	
OUT	100.00	
LD	25.03	
OR	24.02	
OUT	100.04	
LD	25.04	
OR	24.03	
OUT	100.01	
LD	25.05	
OR	24.04	
OUT	100.05	
LD	25.06	
OR	24.05	
OUT	100.02	
LD	25.07	
OR	24.06	
OUT	100.06	
LD	25.08	
OR	24.07	
OUT	100.07	
LD	0.02	
DIFU(013)	23.00	
LD	0.00	
ANDNOT	24.00	
ANDNOT	24.01	
ANDNOT	24.02	

ANDNOT	24.03	
ANDNOT	24.04	
ANDNOT	24.05	
ANDNOT	24.06	
ANDNOT	24.07	
LD	23.00	
LD	24.08	
SFT(010)	24	24
LD	0.02	
OR	24.00	
OUT	22.00	
LD	0.01	
MOV(021)	#0	24
MOV(021)	#0	25

第四部分
单片机概述

4.1 单片机基本知识

4.1.1 单片机及其应用

1. 微型计算机及微型计算机系统

微型计算机(microcomputer)简称微机,是计算机的一个重要分支。微型计算机不但具有其他计算机快速、精确、程序控制等特点,最突出的是具有体积小、重量轻、功耗低、价格便宜等优点。个人计算机简称 PC (personal computer)机,是微型计算机中应用最为广泛的一种,也是近年来计算机领域中发展最快的一个分支。

通过分析人们如何利用算盘这种工具来解题的过程,就很容易了解计算机的工作过程和基本的结构组成。人们利用算盘进行计算时,必须具有:①运算装置:算盘;②记录(存放)计算步骤、计算结果的装置:纸张和笔;③控制装置:上述计算过程都是在人脑的控制下,由手去执行;④输入输出装置。

(1) 运算器 运算器是计算机的运算部件,用于实现算术和逻辑运算。计算机的数据运算和处理都在这里进行(相当于算盘)。

(2) 控制器 控制器是计算机的指挥控制部件,使计算机各部分能自动、协调地工作(相当于使用纸、笔、算盘的人的大脑)。

运算器和控制器是计算机的核心部分,常把它们合在一起称为中央处理器,简称 CPU。

(3) 存储器 存储器是计算机的记忆部件,用于存放程序和数据(相当于纸和笔),按功能可以分为只读和随机存取存储器两大类。

所谓随机存取存储器,英文缩写为 RAM (read random memory)。例如,汽车运行时,需要暂时存储的信息由微处理器传送到 RAM,RAM 中存储的信息随时都可以更改。由于传感器输出到微型计算机的信息,随着汽车工况的变化而频繁地变化,这类信息就得存在RAM 中,也能从 RAM 中读出信息,还能擦除 RAM 中的信息。

所谓只读存储器,英文缩写为 ROM (read only memory)。微处理器能从 ROM 中读取信息,但不能把信息写入 ROM 中,而且不能擦除 ROM 中的信息。在 ROM 芯片的制造过程中,各种永久性的程序和数据经编程送入 ROM 内。例如,电子控制燃油喷射发动机系统中的一系列控制程序软件、喷油特性脉谱、点火控制特性脉谱，以及其他特性数据等。即使蓄电池的接线断开，ROM 中的信息也不会丢失。ROM 中有查询表，其中包括汽车该如何运行的信息。如图 4.1 所示为点火提前和混合气空燃比脉谱图，微处理器根据传感器的输入信息获知发动机的转速和负荷信息，从 ROM 中查取相应的理想点火提前角和理想空燃比，并进行相应的控制。

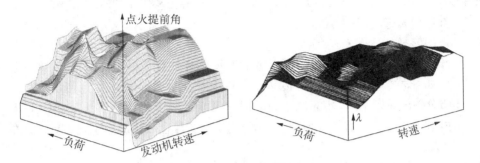

图 4.1   点火提前和混合气空燃比脉谱图

注意：所谓的只读和随机存取都是指在正常工作情况下而言，也就是在使用这块存储器的时候，而不是指制造这块芯片的时候。

ROM 程序存储器的类型有：

① PROM：可编程程序只读存储器。这就像我们的练习本，买来的时候是空白的，可以写东西上去，可一旦写上去，就擦不掉了，所以它只能用写一次，要是写错了，就报销了。

② EPROM：紫外线擦除的可编程只读存储器。里面的内容写上去之后，如果觉得不满意，可以用一种特殊的方法去掉后重写，这就是用紫外线照射，紫外线就像"消字灵"，可以把字去掉，然后再重写。

③ EEPROM：电可擦除的可编程只读存储器。这种存储器和 EPROM 类似，写上去的东西也可以擦掉重写，但它更方便一些，不需要光照，只要用电学方法就可以擦除。它是上述几种只读存储器中价格最贵的一种，常用于在使用过程中需要时常修改其重要数据的存储器。例如，汽车里程表的数据存储器就常用这种存储器，需要更改汽车里程数据或更换微机时，都需要将原来存储的数据擦掉，写入新的数据。

④ Flash ROM：闪速存储器。Flash ROM 是一种新型的电可擦除、非易失性存储器，使用方便、价格低廉，可多次擦写，近年来应用广泛。

⑤ 串行 EEPROM：I^2C 接口存储器。内部有页写入缓冲器，页写入缓冲器容量 P 的大小与芯片生产厂家、型号有关，如汽车 AT93C46/56/57/66 型防盗芯片和 AT24C01A/02/04/08/16 型音响防盗芯片。

（4）接口   一种在微处理器和外围设备之间控制数据流动和数据格式的电路，称为接口。简单地说，接口就是连接两个电子设备单元的部件，能使单片机通过外部设备与外界联系。例如，在发动机的优化控制中，CPU 要在极短的时间内对发动机的许多工况（通过传感器)进行巡回检测,另外CPU又要对点火提前角、燃油喷射、自动变速等进行自动控制或是优化控制。因此,许多输入、输出设备与微机连接时,必须有其专用的接口电路。

接口一般可分为并行和串行接口两种:

① 串行接口:一次传输一位数据称为串行传输,以串行传输方式通讯时使用的接口叫串行接口。串行接口由接收器、发送器和控制器3部分组成。接收器把外部设备送来的串行数据变为并行数据,然后送到数据总线;发送器把数据总线上的并行数据变为串行数据后,发送到外部设备去;控制器是控制上面两种变换过程的电路。串行接口的主要用途是进行串/并、并/串转换。

② 并行接口:同时传输两位或两位以上的数据称为并行传输,以并行传输方式通讯是把多位数据,如8位数据的各位同时传送。微机内部几乎都是使用并行传输方式。由于CPU与外部设备的速度不同,外部设备的数据线不能直接接到总线上。为使CPU与外部设备的动作匹配,中间需要有缓冲器和锁存器,用于暂时保存数据。由上述器件组成的电路称为并行接口。

串行和并行接口统称为输入、输出接口。

(5) 输入设备 输入设备用于将程序和数据输入到计算机中,如键盘。

例如,汽车上用的微机系统一般尺寸很小,不便于安装键盘。微机是专门用于汽车检测与自动控制(如点火、喷油、防滑制动等)的。它的程序是固定不变的,是事先编好存在微机存储器内的,只要通过传感器等信号启动相应的程序即可完成相应的自动控制。如果汽车的自动控制系统出现问题,需要调用系统的自诊断程序时,通过开关或简单的连接线即可实现人机对话的目的。有的高级汽车装有微型键盘,以方便进行较多的人机对话。

(6) 输出设备 输出设备用于把计算机数据计算或加工的结果,以用户需要的形式显示或保存,如显示器、打印机。

通常把外存储器(微机用得较多的外部存储器是磁盘,磁盘又分为硬盘和软盘)、输入设备和输出设备合在一起称为计算机的外部设备,简称外设。

微型计算机系统由硬件系统和软件系统两大部分组成。

硬件系统是指构成微机系统的实体和装置,通常由运算器、控制器、存储器、输入接口电路和输入设备、输出接口电路和输出设备等组成。其中,运算器和控制器一般做在一个集成芯片上,统称中央处理单元(central processing unit),简称CPU,是微机的核心部件,配上存放程序和数据的存储器、输入/输出(Input/Output,简称I/O)接口电路及外部设备,即构成微机的硬件系统,如图4.2所示。

软件系统是指微机系统所使用的各种程序的总体。软件的主体驻留在存储器中,人们通过它对整机

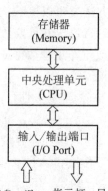

图 4.2 微型计算机硬件系统示意图

进行控制并与微机系统进行信息交换,使微机按照人的意图完成预定的项目。

软件系统与硬件系统共同构成实用的微机系统,两者是相辅相成、缺一不可的。

2. 单片微型计算机

单片微型计算机(single chip microcomputer)简称单片机,又称微控制器或嵌入式计算机,是指集成在一个芯片上的微型计算机。也就是把组成微型计算机的各种功能部件,包括CPU (central processing unit)、随机存取存储器 RAM (random access memory)、只读存储器 ROM (read-only memory)、基本输入/输出(input/output)接口电路、定时器/计数器等部件制作在一块集成芯片上,构成一个完整的微型计算机,从而实现微型计算机的基本功能。

单片机应用系统是以单片机为核心,配以输入、输出、显示、控制等外围电路和软件,能实现一种或多种功能的实用系统。本书的项目电路也是一个单片机的应用系统,它除了有单片机芯片以外,还有许多的外围电路,再配以后续章节一系列的项目程序,可以完成很多功能。所以说,单片机应用系统是由硬件和软件组成,硬件是应用系统的基础,软件是在硬件的基础上对其资源进行合理调配和使用,从而完成应用系统所要求的项目,两者相互依赖、缺一不可。

3. 单片机芯片技术的发展概况

单片机的发展历史并不长,但其发展速度很快,目前已普及到各行各业,而且正朝着多系列、多型号方向发展。从它的发展历程上看,大体经历了 4 个发展阶段:

第一阶段是单片机的初级阶段,时间在 1971—1974 年。1971 年,Intel 公司首次宣布推出 4 位微处理器 4004。1974 年 12 月,仙童公司推出了 8 位单片机 F8,从此开创了单片机发展的初级阶段。F8 单片机只包含了 8 位 CPU、64 B 数据存储器和两个并行输入/输出接口,必须外加一片 3815(内含 1 kB ROM、一个定时/计数器和两个并行 I/O 口)才能构成一个完整的微型计算机。

第二阶段是低性能单片机阶段,时间在 1974—1978 年。此时的单片机是真正的 8 位单片微型计算机,它具有体积小、功能全的特点,在单块芯片上已集成了 CPU、并行口、定时器、RAM 和 ROM 等。例如,1976 年,Intel 公司推出了 MCS - 48 单片机;1977 年,GI 公司推出了 PIC1650。但这个阶段的单片机仍然处于低性能阶段。

第三段是高性能单片机阶段,时间在 1978—1983 年。此时的单片机品种多、功能强,一般片内 RAM、ROM 都相对增大,而且寻址范围可达 64 kB,并有串行输入/输出接口,还可以进行多级中断处理。例如 1980 年,Intel 公司在 MCS - 48 的基础上推出的 MCS - 51,使单片机的应用跃上了一个新的台阶。此后,各公司的 8 位单片机迅速发展起来,如Mortorola 公司的 6801 系列等。

第四阶段是单片机的发展、巩固、提高阶段,时间从 1983 年至今,单片机朝着高性能和多品种方向发展。1983 年,Intel 公司推出 MCS - 96 系列 16 位单片机;1988 年,又推出了MCS - 96 系列中的 8098/8398/8798 单片机,使 MCS - 96 系列单片机的应用更为广泛。20世纪 90 年代,是单片机制造业大发展时期。这个时期的 Motorola、Intel、ATMEL、德州仪器、三菱、日立、飞利浦、韩国 LG 等公司也开发了一大批性能优越的单片机,极大地推动了单片机的应用。此阶段单片机的一个重要标志就是超 8 位单片机的各档机种增加了直接数据存取通道、特殊串行接口等,而且近几年发展的单片机又增加了看门狗、A/D 转换、D/A 转换、LCD 直接驱动等功能。例如,80C552 片内带 8 路 10 位 A/D、2 路 PWM、一个输入捕捉和一个输出比较的 16 位定时器等。带 LCD 驱动的单片机有 8xC055,83CL167/168,83CL267/268 等,出现了单片机市场丰富多彩的局面。此阶段的主要特点是:片内面向测控系统外围电路增强,使单片机可以方便、灵活地用于复杂的自动测控系统及设备。"微控制器"的称谓更能反映单片机的本质。

4. 单片机的特点

(1) 体积小　由于单片机已将微计算机的所有结构浓缩于单一芯片内,因此可使产品符合轻薄短小的要求。

(2) 接线简单　单片机的外部只要接上少许器件即可动作,所以接线简单、可靠性高,不论装配或检修都容易。

(3) 价格低廉　由于各制造商展开市场争夺战,因此单片机的价格不断下降。若大量采购,则价格已足以与一般传统的逻辑(数字)电路较量。

(4) 简单易学　由于单片机所需的外部器件甚少,因此初学者只需花费极少的时间学习硬件电路的设计,而把大部分的时间放在软件(设计程序)的学习上,可缩短学会单片机应用所需的时间。

5. 单片机的应用

单片机之所以能够发展至今天,而且发展势头强劲,关键在于它的应用非常广阔。自 20 世纪 80 年代以来,单片机的应用已经深入到工业、农业、国防、科研、机关、教育、商业以及家电、生活、娱乐、玩具等各个领域之中。

(1) 应用领域　主要有以下几个方面:

① 智能产品。单片机与传统的机械产品结合,使传统机械产品结构简化、控制智能化,构成新一代的机电一体化产品。

② 智能仪表。用单片机改造原有的测量、控制仪表,能促进仪表向数字化、智能化、多功能化、综合化、柔性化发展。

③ 测控系统。用单片机可以构成各种工业控制系统、适应控制系统、数据采集系统等。

④ 数控控制机。在目前机床数控系统的建议控制中,采用单片机可提高其可靠性,增强功能,降低控制成本。

⑤ 智能接口。计算机系统特别是较大型的工业测、控系统中,除通用外部设备外,还有许多外部通信、采集、多路分配管理、驱动控制等接口。这些外部设备与接口如果完全由主机进行管理,势必造成主机负担过重,降低运行速度,接口的管理水平也不可能提高。如果用单片机进行接口的控制与管理,单片机与主机均可单独进行工作,大大提高了系统的运行速度。同时,由于单片机可对接口信息进行加工处理,可以大量减少接口界面的通信密度,极大地提高接口控制管理水平。

(2) 应用范围　单片机在各个领域中的典型应用举例如下:

① 工业控制。数控机床、温度控制、可编程顺序控制、电机控制、工业机器人、智能传感器、离散与连续过程控制等。

② 仪器仪表。智能仪器、医疗器械、液晶和气体色谱仪、数字示波器、金属探测仪等。

③ 电信技术。调制解调器、声像处理、数字滤波、智能线路运行控制、通信设备等。

④ 办公自动化和计算机外部设备。图形终端机、传真机、复印机、打印机、绘图仪、磁盘驱动器、智能终端机等。

⑤ 汽车与节能。点火控制、排放控制、喷油控制、变速控制、防滑控制、安全气囊控制、门锁控制、雨刮控制、座椅控制、防盗报警控制、空调控制、大灯控制、导航控制、计费器、交通控制等。

⑥ 导航。导弹控制、鱼雷制导、智能武器装置、航天导航系统等。

⑦ 商用产品。自动售货机、电子收款机、电子秤、银行统计机等。

⑧ 家用电器。微波炉、电视机、空调机、洗衣机、录像机、摄像机、数码相机、音响设备、游戏机、智能玩具等。

综上所述,单片机技术遍布每一个角落,从家用电器、智能仪器与仪表、工业控制直到导弹火箭导航等尖端技术领域,单片机都发挥着十分重要的作用。

6. 主流单片机简介

随着微电子设计技术及计算机技术的不断发展,单片机产品和技术日新月异。单片机产品近况可以归纳为以下两个方面:

(1) 80C51 系列单片机产品繁多,主流地位已经形成　通用微型计算机计算速度的提高主要体现在 CPU 位数的提高(16 位、32 位、64 位),而单片机更注重的是产品的可靠性、经济性和嵌入性。而多年来的应用实践已经证明,80C51 的系统结构合理、技术成熟。因此,许多单片机芯片生产厂商倾向于提高 80C51 单片机产品的综合功能,从而形成了 80C51 的主流产品地位。近年来推出的与 80C51 兼容的主要产品有:

● ATMEL 公司融入 Flash 存储器技术推出的 AT89 系列单片机;

● Philips 公司推出的 80C51,80C52 系列高性能单片机;

● Winbond 公司推出的 W78C51,W77C51 系列高速低价单片机:

● ADI 公司推出的 ADuC8xx 系列高精度 ADC 单片机;

● LG 公司推出的 GMS90/97 系列低压高速单片机;

● Cygnal 公司推出的 C8051F 系列高速 SOC 单片机等;

● Maxim 公司推出的 DS89C420 高速(50MIPS)单片机。

(2) 非 80C51 结构单片机不断推出,给用户提供了更为广泛的选择空间　在 80C51 及其兼容产品流行的同时,一些单片机芯片生产厂商也推出了一些非 80C51 结构的产品,影响比较大的有:

● Motorola 单片机。品种全、选择余地大、新产品多是其特点,Motorola 是世界上最大的单片机厂商。

● Microchip 公司推出的 PIC 系列 RISC 结构单片机。

- ATMEL 公司推出的 AVR 系列 RISC 结构单片机。
- TI 公司推出的 MSP430F 系列 16 位低电压、低功耗单片机。

4.1.2 MCS-51 系列单片机

MCS-51 系列单片机主要包括 8031,8051 和 8751 等通用产品。

1. 51 子系列和 52 子系列

MCS-51 系列又分为 51 和 52 两个子系列,并以芯片型号的最末位数字作为标志。其中 51 子系列是基本型,而 52 子系列则属增强型。52 子系列功能增强的具体方面有:

① 片内 ROM 从 4 kB 增加到 8 kB;
② 片内 RAM 从 128 B 增加到 256 B;
③ 定时器/计数器从两个增加到 3 个;
④ 中断源从 5 个增加到 6 个。

2. 单片机芯片半导体工艺

MCS-51 系列单片机采用两种半导体工艺生产。一种是 HMOS 工艺,即高速度、高密度短沟道 MOS 工艺。另外一种是 CHMOS 工艺,即互补金属氧化物的 HMOS 工艺。

CHMOS 是 CMOS 和 HMOS 的结合,除保持了 HMOS 高速度和高密度的特点之外,还具有 CMOS 低功耗的特点。例如,8051 的功耗为 630 mW,而 80C51 的功耗只有 120 mW。在便携、手提式或野外作业仪器设备上,低功耗是非常有意义的。因此在这些产品中,必须使用 CHMOS 的单片机芯片。

3. 80C51 系列单片机

8051 是 MCS-51 系列单片机的典型品种,所有生产厂商以 8051 为核心开发出的 CHMOS 工艺单片机产品,称为 80C51 系列单片机。

80C51 系列单片机基本组成虽然相同,但不同型号的产品在某些方面仍会有一些差异。典型的单片机产品资源配置,见表 4.1。

表 4.1 80C51 系列单片机分类表

分类	芯片型号	存储器类型及字节数		片内其他功能单元数量			
		ROM	RAM	并口	串口	定时/计数器	中断源
	80C51	4 kB 掩膜	128 B	4 个	1 个	2 个	5 个
	87C51	4 kB EPROM	128 B	4 个	1 个	2 个	5 个
	89C51	4 kB Flash	128 B	4 个	1 个	2 个	5 个
增强型	80C52	8 kB 掩膜	256 B	4 个	1 个	3 个	6 个
	87C52	8 kB EPROM	256 B	4 个	1 个	3 个	6 个
	89C52	8 kB Flash	256 B	4 个	1 个	3 个	6 个

表中列出了 80C51 系列单片机的芯片型号,以及它们的技术性能指标,使我们对它们的基本情况有一个概括的了解。

4.2 MCS-51单片机结构和原理

4.2.1 MCS-51单片机的内部组成及信号引脚

MCS-51单片机的典型芯片是8031,8051,8751。8051内部有4 kB ROM,8751内部有4 kB EPROM,8031片内无ROM;除此之外,三者的内部结构及引脚完全相同。因此以8051为例,说明本系列单片机的内部组成及信号引脚。

1. 8051单片机的基本组成

8051单片机的基本组成如图4.3所示。

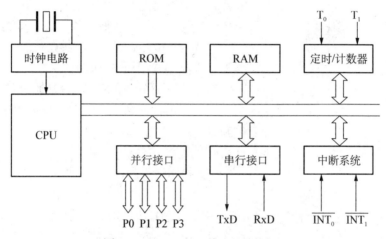

图4.3 MCS-51 单片机结构框图

(1) 中央处理器(CPU) 中央处理器是单片机的核心,完成运算和控制功能。MCS-51的CPU能处理8位二进制数或代码。

(2) 内部数据存储器(内部RAM) 8051芯片中共有256个RAM单元,但其中后128单元被专用寄存器占用,能作为寄存器供用户使用的只是前128单元,用于存放可读/写的数据。因此,通常所说的内部数据存储器就是指前128单元,简称内部RAM。

(3) 内部程序存储器(内部ROM) 8051共有4 kB掩膜ROM,用于存放程序和原始表格常数,因此称为程序存储器,简称内部ROM。

(4) 定时/计数器 8051共有两个16位的可编程定时/计数器,以实现定时或计数功能,当定时/计数器产生溢出时,可用中断方式控制程序转向。

(5) 并行输入/输出(I/O)口 MCS-51共有4个8位的并行I/O口(P0,P1,P2,P3),以实现数据的并行输入/输出。

(6) 全双工串行口 MCS-51单片机有一个全双工的串行口,以实现单片机和其他设备之间的串行数据传送。该串行口功能较强,既可作为全双工异步通信收发器使用,也可作为同步移位器使用。

（7）中断控制系统　8051共有5个中断源，即外中断两个，定时/计数中断两个，串行中断一个。全部中断分为高级和低级共两个优先级别。

（8）时钟电路　MCS-51芯片的内部有时钟电路，但石英晶体和微调电容需外接。时钟电路为单片机产生时钟脉冲序列。系统允许的晶振频率一般为6 MHz和12 MHz。

可以看出，MCS-51虽然是一个单片机芯片，但计算机应该具有的基本部件它都包括，因此实际上它已是一个简单的微型计算机系统了。

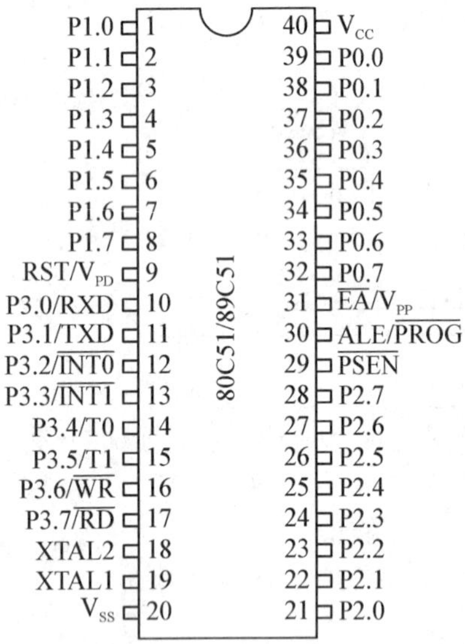

图4.4　MCS-51引脚图

2. MCS-51的信号引脚

MCS-51是标准的40引脚双列直插式集成电路芯片，引脚排列如图4.4所示。

（1）电源及时钟引脚（4个）　具体有：

① Vss（20）：地线。

② Vcc（40）：+5 V电源。

③ XTAL1（19）和XTAL2（18）：外接晶体引线端。当使用芯片内部时钟时，此二引线端用于外接石英晶体和微调电容；当使用外部时钟时，用于接外部时钟脉冲信号。

（2）控制线引脚（4个）　具体有：

① ALE（30）：地址锁存控制信号。在系统扩展时，ALE用于控制把P0口输出的低8位地址锁存器锁存起来，以实现低位地址和数据的隔离。此外，由于ALE是以晶振1/6的固定频率输出的正脉冲，因此可作为外部时钟或外部定时脉冲使用。

② $\overline{PSEN}$（29）：外部程序存储器读选通信号。在读外部ROM时$\overline{PSEN}$有效（低电平），以实现外部ROM单元的读操作。

③ $\overline{EA}$（31）：访问程序存储控制信号。当$\overline{EA}$信号为低电平时，对ROM的读操作限定在外部程序存储器；而当$\overline{EA}$信号为高电平时，则对ROM的读操作是从内部程序存储器开始，并可延至外部程序存储器。

④ RST（9）：复位信号。当输入的复位信号延续两个机器周期以上高电平即为有效，用以完成单片机的复位初始化操作。

（3）并行I/O引脚（32个，分成4个8位口）　具体有：

① P0.0~P0.7：通用I/O引脚或数据低位地址总线复用引脚。

② P1.0~P1.7：通用I/O引脚。

③ P2.0~P2.7：通用I/O引脚或数据高位地址总线引脚。

④ P3.0~P3.7：通用I/O引脚或第二功能引脚。

4.2.2 MCS-51 单片机的数据存储器

MCS-51 单片机的数据存储器分为内部 RAM 和外部 RAM,RAM 的配置图如图 4.5 所示。

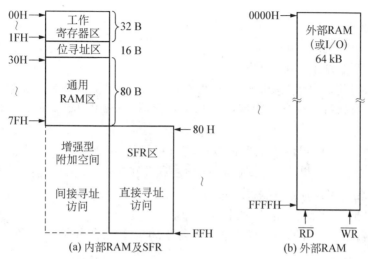

图 4.5 MCS-51 单片机 RAM 的配置图

8051 片内 RAM 共有 128 B,分成工作寄存器区、位寻址区、通用 RAM 区 3 部分。

基本型单片机片内 RAM 地址范围是 00H~7FH。增强型单片机(如 80C52)片内除地址范围在 00H~7FH 的 128 B 的 RAM 外,又增加了 80H~FFH 的高 128 B 的 RAM。增加的这一部分 RAM 仅能采用间接寻址方式访问(以与特殊功能寄存器 SFR 的访问相区别)。

片外 RAM 地址空间为 64 kB,地址范围是 0000H~FFFFH。与程序存储器地址空间不同的是,片外 RAM 地址空间与片内 RAM 地址空间在地址的低端 0000H~007FH 是重叠的。这就需要采用不同的寻址方式加以区分。访问片外 RAM 时采用专门的指令 MOVX 实现,这时读($\overline{RD}$)或写($\overline{WR}$)信号有效;而访问片内 RAM 使用 MOV 指令,无读写信号产生。另外,与片内 RAM 不同,片外 RAM 不能进行堆栈操作。

1. 内部数据存储器低 128 单元

8051 的内部 RAM 共有 256 个单元,通常把这 256 个单元按其功能划分为两部分:低 128 单元(单元地址 00H~7FH)和高 128 单元(单元地址 80H~FFH),低 128 单元的配置情况见表 4.2。

表 4.2　低 128 单元的配置

地址区间	低 128 单元	地址区间	低 128 单元
00H~07H	工作寄存器 0 区(R0~R7)	18H~1FH	工作寄存器 3 区(R0~R7)
08H~0FH	工作寄存器 1 区(R0~R7)	20H~2FH	位寻址区(00H~7FH)
10H~17H	工作寄存器 2 区(R0~R7)	30H~7FH	数据缓冲区

低 128 单元是单片机的真正 RAM 存储器,按其用途划分为以下 3 个区域。

(1) 寄存器区　8051 单片机片内 RAM 低端的 00H～1FH 共 32 B 分成 4 个工作寄存器组,每组占 8 个单元。

① 寄存器 0 组:地址 00H～07H;

② 寄存器 1 组:地址 08H～0FH;

③ 寄存器 2 组:地址 10H～17H;

④ 寄存器 3 组:地址 18H～1FH。

在任一时刻,CPU 只能使用其中的一组寄存器,并且把正在使用的那组寄存器称之为当前寄存器组。到底是哪一组,由程序状态字寄存器 PSW 中 RS_1,RS_0 位的状态组合来决定。

通用寄存器为 CPU 提供了就近数据存储的便利,有利于提高单片机的运算速度。此外,使用通用寄存器还能提高程序编制的灵活性,因此在单片机的应用编程中应充分利用这些寄存器,以简化程序设计,提高程序运行速度。

(2) 位寻址区　包含位和字节两部分:

① 位　一盏灯亮或者说一根线的电平的高低,可以代表两种状态:0 和 1。实际上这就是一个二进制位,用 Bit 表示。

② 字节　一根线可以表达 0 和 1,两根线可以表达 00,01,10,11 共 4 种状态,而 3 根可以表达 0～7。计算机中通常用 8 根线放在一起,同时计数,就可以表达 0～255 共 256 种状态。这 8 根线或者 8 位就称之为一个字节(Byte)。

内部 RAM 的 20H～2FH 单元,既可作为一般 RAM 单元使用,进行字节操作,也可以对单元中每一位进行位操作,因此把该区称为位寻址区。位寻址区共有 16 个 RAM 单元,128 位,位地址为 00H～7FH。MCS-51 具有布尔处理机功能,这个位寻址区可以构成布尔处理机的存储空间。这种位寻址能力是 MCS-51 的一个重要特点。表 4.3 为位寻址区的位地址表。

表 4.3　片内 RAM 位寻址区的位地址

字节地址	位地址							
	D7	D6	D5	D4	D3	D2	D1	D0
2FH	7F	7E	7D	7C	7B	7A	79	78
2EH	77	76	75	74	73	72	71	70
2DH	6F	6E	6D	6C	6B	6A	69	68
2CH	67	66	65	64	63	62	61	60
2BH	5F	5E	5D	5C	5B	5A	59	58
2AH	57	56	55	54	53	52	51	50
29H	4F	4E	4D	4C	4B	4A	49	48
28H	47	46	45	44	43	42	41	40
27H	3F	3E	3D	3C	3B	3A	39	38

续 表

字节地址	位地址							
	D7	D6	D5	D4	D3	D2	D1	D0
26H	37	36	35	34	33	32	31	30
25H	2F	2E	2D	2C	2B	2A	29	28
24H	27	26	25	24	23	22	21	20
23H	1F	1E	1D	1C	1B	1A	19	18
22H	17	16	15	14	13	12	11	10
21H	0F	0E	0D	0C	0B	0A	09	08
20H	07	06	05	04	03	02	01	00

(3) 用户 RAM 区　在内部 RAM 低 128 单元中,通用寄存器占去 32 个单元,位寻址区占去 16 个单元,剩下 80 个单元,这就是供用户使用的一般 RAM 区,其单元地址为 30H~7FH。对用户 RAM 区的使用没有任何规定或限制,但在一般应用中常把堆栈开辟在此区中。

2. 内部数据存储器高 128 单元

内部 RAM 的高 128 单元是供给专用寄存器使用的,其单元地址为 80H~FFH。因这些寄存器的功能已作专门规定,故而称为专用寄存器(special function register),也可称为特殊功能寄存器。8051 共有 21 个专用寄存器,现把其中部分寄存器简单介绍如下。

(1) 程序计数器(PC, program counter)　PC 是一个 16 位的计数器,它总是存放下一个要取的指令的 16 位存储单元地址,它的作用是控制程序的执行顺序。其内容为将要执行指令的地址,寻址范围达 64 kB。PC 有自动加 1 功能,从而实现程序的顺序执行。PC 没有地址,是不可寻址的,因此用户无法对它进行读写。但可以通过转移、调用、返回等指令改变其内容,以实现程序的转移。因地址不在 SFR 之内,一般不计作专用寄存器。

(2) 与运算器相关的寄存器　有下列 3 个:

① 累加器(ACC, accumulator):累加器为 8 位寄存器,是最常用的专用寄存器,功能较多,地位重要。它既可用于存放操作数,也可用来存放运算的中间结果。MCS - 51 单片机中,大部分单操作数指令的操作数就取自累加器,许多双操作数指令中的一个操作数也取自累加器。

② B 寄存器:B 寄存器是一个 8 位寄存器,主要用于乘除运算。乘法运算时,B 是乘数。乘法操作后,乘积的高 8 位存于 B 中。除法运算时,B 是除数。除法操作后,余数存于 B 中。此外,B 寄存器也可作为一般数据寄存器使用。

③ 程序状态字(PSW, program status word):程序状态字简称为 PSW,内部含有程序在运行时的相关信息,其详细情况见表 4.4 所示。

进位标志 CY (carry),可简写为 C,它的用途如下:

● 当 CPU 在做加法运算时,若有进位,则 CY=1;否则 CY=0。
● 当 CPU 在做减法运算时,若有借位,则 CY=1;否则 CY=0。

表 4.4　程序状态字 PSW

程序状态字 PSW. 位寻址		
PSW: CY | AC | F0 | RS1 | RS0 | OV | — | P		

符号	地址	说　　　明
CY	PSW. 7	进位标志位,在指令中以 C 表示
AC	PSW. 6	辅助进位标志位
F0	PSW. 5	一般用途进位标志位,可供任意应用
RS1 RS0	PSW. 4 PSW. 3	寄存器库选择位 寄存器库选择位 说明: | RS1	RS0	寄存器区	地址 | |---|---|---|---| | 0 | 0 | 0 | 00H~07H | | 0 | 1 | 1 | 08H~0FH | | 1 | 0 | 2 | 10H~17H | | 1 | 1 | 3 | 18H~1FH |
OV	PSW. 2	溢出标志位
—	PSW. 1	保留未用
P	PSW. 0	同位标志位(parity flag) P=1,表示累加器中为"1"的位有奇数个 P=0,表示累加器中为"1"的位有偶数个

- 作为位处理的运算中心,即位累加器。

辅助进位标志 AC (auxiliary carry):

- 在相加的过程中,若两数的 bit 3 相加后有进位产生,则 AC=1;否则 AC=0。
- 在相减的过程中,若 bit 3 不够减,必须向 bit 4 借位,则 AC=1;否则 AC=0。

用户标志位 F0 (flag zero):

- 由用户根据程序执行的需要通过软件使它置位或清除。

工作寄存器组选择位:RS1, RS0

- 80C51 的 RAM 区域地址 00H~1FH 单元(32 字节)为工作寄存器区,共分 4 组,每组有 8 个 8 位寄存器,用 R0~R7 表示。
- RS1, RS0 可以用软件来置位或清零以确定当前使用的工作寄存器组。

溢出标志 OV (overflow):

- 当两个数相加时,若 bit 6 及 bit 7 同时有进位或没有进位,则 OV=0;否则 OV=1。
- 当两个数相减时,若 bit 6 及 bit 7 同时有借位或没有借位,则 OV=0;否则 OV=1。

● 根据执行运算指令后 OV 的状态,可判断累加器中的结果是否正确。

奇偶位标志 P（parity）：

● 对于累加器的内容,若等于 1 的位有奇数个,则 P＝1;否则 P＝0。

（3）与指针相关的寄存器　有下列 3 个：

① 数据指针（DPTR）：数据指针为 16 位寄存器,它是 MCS－51 中一个 16 位寄存器。编程时,DPTR 既可以按 16 位寄存器使用,也可以按两个 8 位寄存器分开使用,即

DPH　DPTR 高位字节　　DPL　DPTR 低位字节

DPTR 通常在访问外部数据存储器时作地址指针使用,由于外部数据存储器的寻址范围为 64 kB,故把 DPTR 设计为 16 位。

② 堆栈指针（SP, stack pointer）：堆栈是一个特殊的存储区,用来暂存数据和地址,它是按"先进后出"的原则存取数据的。堆栈共有两种操作:进栈和出栈。

MCS－51 单片机由于堆栈设在内部 RAM 中,因此 SP 是一个 8 位寄存器。系统复位后,SP 的内容为 07H,使得堆栈实际上从 08H 单元开始。但 08H～1FH 单元分别属于工作寄存器 1～3 区,如程序中要用到这些区,则最好把 SP 值改为 1FH 或更大的值。一般地,堆栈最好在内部 RAM 的 30H～7FH 单元中开辟。SP 的内容一经确定,堆栈的位置也就跟着确定下来,由于 SP 可初始化为不同值,因此堆栈位置是浮动的。

（4）与接口相关的寄存器　有下列 7 个：

① 并行 I/O 接口 P0, P1, P2, P3,均为 8 位;通过对这 4 个寄存器的读和写,可以实现数据从相应接口的输入和输出;

② 串行接口数据缓冲器 SBUF;

③ 串行接口控制寄存器 SCON;

④ 串行通信波特率倍增寄存器 PCON（一些位还与电源控制相关,所以又称为电源控制寄存器）。

（5）与中断相关的寄存器　有下列 2 个：

① 中断允许控制寄存器 IE;

② 中断优先级控制寄存器 IP。

（6）与定时/计数器相关的寄存器　有下列 6 个：

① 定时/计数器 T0 的两个 8 位计数初值寄存器 TH0, TL0,它们可以构成 16 位的计数器,TH0 存放高 8 位,TL0 存放低 8 位;

② 定时/计数器 T1 的两个 8 位计数初值寄存器 TH1, TL1,它们可以构成 16 位的计数器,TH1 存放高 8 位,TL1 存放低 8 位;

③ 定时/计数器的工作方式寄存器 TMOD;

④ 定时/计数器的控制寄存器 TCON。

3. 专用寄存器中的字节寻址和位地址

MCS－51 系列单片机有 21 个可寻址的专用寄存器,其中有 11 个专用寄存器（字节地址能被 8 整除的）是可以位寻址的。各寄存器的字节地址及位地址一并列于表 4.5。对专用寄

存器只能使用直接寻址方式,书写时既可使用寄存器符号,也可使用寄存器单元地址。

表4.5 MCS-51专用寄存器地址表

SFR	MSB			位地址/位定义			LSB		字节地址
B	F7	F6	F5	F4	F3	F2	F1	F0	**F0H**
	B.7	B.6	B.5	B.4	B.3	B.2	B.1	B.0	
A_{CC}	E7	E6	E5	E4	E3	E2	E1	E0	**E0H**
	ACC.7	ACC.6	ACC.5	ACC.4	ACC.3	ACC.2	ACC.1	ACC.0	
PSW	D7	D6	D5	D4	D3	D2	D1	D0	**D0H**
	CY	AC	F0	RS1	RS0	OV	/	P	
IP	BF	BE	BD	BC	BB	BA	B9	B8	**B8H**
	/	/	/	PS	PT1	PX1	PT0	PX0	
P3	B7	B6	B5	B4	B3	B2	B1	B0	**B0H**
	P3.7	P3.6	P3.5	P3.4	P3.3	P3.2	P3.1	P3.0	
IE	AF	AE	AD	AC	AB	AA	A9	A8	**A8H**
	EA	/	/	ES	ET1	EX1	ET0	EX0	
P2	A7	A6	A5	A4	A3	A2	A1	A0	**A0H**
	P2.7	P2.6	P2.5	P2.4	P2.3	P2.2	P2.1	P2.0	
SBUF									99H
SCON	9F	9E	9D	9C	9B	9A	99	98	**98H**
	SM0	SM1	SM2	REN	TB8	RB8	TI	RI	
P1	97	96	95	94	93	92	91	90	**90H**
	P1.7	P1.6	P1.5	P1.4	P1.3	P1.2	P1.1	P1.0	
TH1									8DH
TH0									8CH
TL1									8BH
TL0									8AH
TMOD	GATE	C/T	M1	M0	GATE	C/T	M1	M0	89H
TCON	8F	8E	8D	8C	8B	8A	89	88	**88H**
	TF1	TR1	TF0	TR0	IE1	IT1	IE0	IT0	
PCON	SMO	/	/	/	/	/	/	/	87H
DPH									83H

续 表

SFR			MSB	位地址/位定义		LSB		字节地址
DPL								82H
SP								81H
P0	87	86	85	84	83	82	81	80	**80H**
	P0.7	P0.6	P0.5	P0.4	P0.3	P0.2	P0.1	P0.0	

4.2.3 MCS-51单片机的程序存储器

MCS-51 的程序存储器用于存放编好的程序和表格常数,如图 4.6 所示。8051 片内有 4 kB 的 ROM, 8751 片内有 4 kB 的 EPROM, 8031 片内无程序存储器。MCS-51 的片外最多能扩展 64 kB 程序存储器,片内外的 ROM 是统一编址的。例如,$\overline{EA}$端保持高电平, 8051 的程序计数器 PC 在 0000H~0FFFH 地址范围内(即前 4KB 地址)是执行片内 ROM 中的程序,当 PC 在 1000H~FFFFH 地址范围时,自动执行片外程序存储器中的程序;当 $\overline{EA}$保持低电平时,只能寻址外部程序存储器,片外存储器可以从 0000H 开始编址。

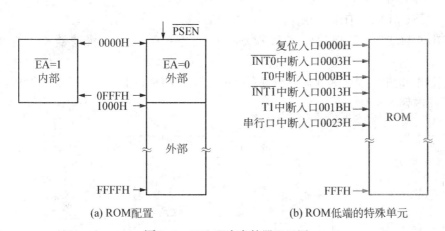

(a) ROM配置 　　　　　　(b) ROM低端的特殊单元

图 4.6 8051 程序存储器配置图

MCS-51 的程序存储器中有些单元具有特殊功能,使用时应予以注意。

其中一组特殊单元是 0000H~0002H。系统复位后,PC=0000H,单片机从 0000H 单元开始取指令执行程序。如果程序不从 0000H 单元开始,应在这 3 个单元中存放一条无条件转移指令,以便直接转去执行指定的程序。

还有一组特殊单元是 0003H~002AH,共 40 个单元,这 40 个单元被均匀地分为 5 段, 作为 5 个中断源的中断地址区。其中:

- 0003H~000AH:外部中断 0 中断地址区;
- 000BH~0012H:定时器/计数器 0 中断地址区;

- 0013H～001AH:外部中断 1 中断地址区;
- 001BH～0022H:定时器/计数器 1 中断地址区;
- 0023H～002AH:串行中断地址区。

中断响应后,按中断种类,自动转到各中断区的首地址去执行程序。因此,在中断地址区中理应存放中断服务程序。但通常情况下,8 个单元难以存下一个完整的中断服务程序,因此通常也是从中断地址区首地址开始存放一条无条件转移指令,以便中断响应后,通过中断地址区,再转到中断服务程序的实际入口地址去。

4.3　并行输入/输出口电路结构

所有 MCS-51 的端口都是双向性的,既可当输入端口用,也可当输出端口用。在特殊功能寄存器中,分别被称为 P0,P1,P2 和 P3。每一个端口都由锁存器(D 型)、输出驱动电路所组成,结构如图 4.7～图 4.10 所示。

(1) P1,P2 和 P3 的内部均有上拉电阻器。P0 则为开漏极输出,没有内部上拉电阻器。每一只端口都能独立作为输入端口或输出端口用,但是想作为输入端口使用时,必须先在该口写入 1,使输出驱动 FET 截止。

(2) MCS-51 的所有端口在复位(RESET)后,都会自动被写入 1。

(3) 输入功能时,引脚的输入信号是经由三态(tri-state)缓冲器到达内部系统总线。

(4) 输出功能时,输出的数据会被锁存(latch)在 D 型锁存器,直到下一批数据输出时,D 型锁存器的内容才会改变。

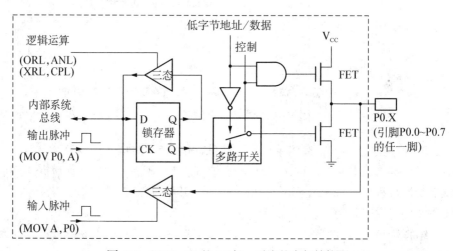

图 4.7　MCS-51 的 P0 任一引脚的内部结构图

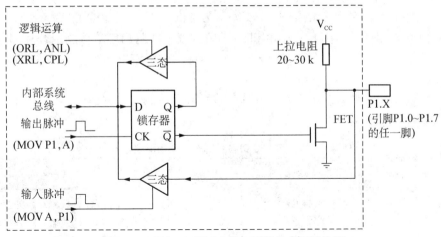

图 4.8 MCS‐51 的 P1 任一引脚的内部结构图

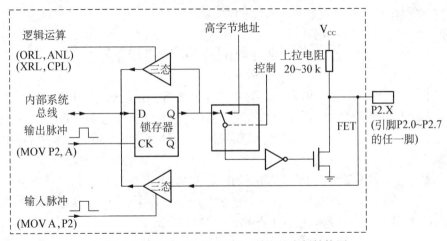

图 4.9 MCS‐51 的 P2 任一引脚的内部结构图

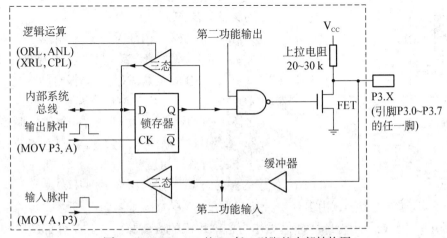

图 4.10 MCS‐51 的 P3 任一引脚的内部结构图

（5）当存取外部存储器的数据时，P0会先输出外部存储器的低字节地址（low byte adress），并利用时间多任务（time multiplexed）方式读入或写出字节数据。若外部存储器的地址为16位时，则高字节地址（high byte address）会由P2输出。在存取外部存储器的数据时，地址/数据总线（address/data BUS）使用，不能再兼做通用的输入/输出端口使用。

（6）P3的所有引脚是多功能的，不仅可当作一般的输入/输出端口使用，也可工作在特殊功能之下，各引脚与第二功能见表4.6。

表4.6　P3口各引脚与第二功能表

引脚	第二功能	信号名称	引脚	第二功能	信号名称
P3.0	RXD	串行数据接收	P3.4	T0	定时器/计数器0的外部输入
P3.1	TXD	串行数据发送	P3.5	T1	定时器/计数器1的外部输入
P3.2	$\overline{INT0}$	外部中断0申请	P3.6	$\overline{WR}$	外部RAM写选通
P3.3	$\overline{INT1}$	外部中断1申请	P3.7	$\overline{RD}$	外部RAM读选通

4.4　时钟电路与复位电路

时序即时间的顺序。一个由人组成的单位尚且要有一定的时序，计算机当然更要有严格的时序。计算机要完成的事更复杂，所以它的时序也更复杂。计算机工作时，是一条一条地从ROM中取指令，然后一步一步地执行，我们规定：计算机访问一次存储器的时间，称为一个机器周期。

时钟电路用于产生单片机工作所需要的时钟信号，而时序所研究的是指令执行中各信号之间的相互关系。单片机本身就如一个复杂的同步时序电路，为了保证同步工作方式的实现，电路应在唯一的时钟信号控制下严格地按时序工作。

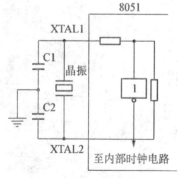

图4.11　内部时钟方式

4.4.1　时钟电路与时序

1. 时钟信号的产生

（1）内部时钟方式　内部时钟方式如图4.11所示。在8051单片机内部有一振荡电路，只要在单片机的XTAL1和XTAL2引脚外接石英晶体（简称晶振），就构成了自激振荡器，并在单片机内部产生时钟脉冲信号。

一般电容C1和C2取30 pF左右，晶体的振荡频率范围是1.2～12 MHz。晶体振荡频率高，则系统的时钟频率也高，单片机运行速度也就快。MCS-51在通常应用情况下，使用的振荡频率为6 MHz或12 MHz。

（2）外部时钟方式　在由多片单片机组成的系统中，为了各单片机之间时钟信号的同步，应当引入唯一的公用外部脉冲信号作为各单片机的振荡脉冲。这时外部的脉冲信号是经 XTAL2 引脚注入,其连接如图 4.12 所示。

2. 时序

时序是用定时单位来说明的。MCS - 51 的时序定时单位共有 4 个,从小到大依次是节拍、状态、机器周期和指令周期。

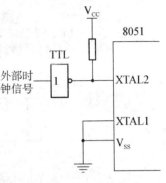

图 4.12　外部时钟方式

(1) 节拍与状态　把振荡脉冲的周期定义为拍节(用 P 表示)。振荡脉冲经过二分频后,就是单片机的时钟信号的周期,定义为状态(用 S 表示)。

这样,一个状态就包含两个拍节,其前半周期对应的拍节叫拍节 1(P1)、后半周期对应的拍节 2(P2)。

(2) 机器周期　MCS - 51 采用定时控制方式,因此它有固定的机器周期。规定一个机器周期的宽度为 6 个状态,并依次表示为 S1~S6。由于一个状态又包括两个节拍,因此一个机器周期总共有 12 个节拍,分别记作 S1P1, S1P2, …, S6P2。由于一个机器周期共有 12 个振荡脉冲周期,因此机器周期就是振荡脉冲的十二分频。

当振荡脉冲频率为 12 MHz 时,一个机器周期为 1 μs。

当振荡脉冲频率为 6 MHz 时,一个机器周期为 2 μs。

(3) 指令周期　指令周期是最大的时序定时单位,执行一条指令所需要的时间称为指令周期,一般由若干个机器周期组成。不同的指令,所需要的机器周期数也不相同。通常,包含一个机器周期的指令称为单周期指令,包含两个机器周期的指令称为双周期指令,等等。

指令的运算速度和指令所包含的机器周期有关,机器周期数越少的指令执行速度越快。MCS - 51 单片机通常可以分为单周期指令、双周期指令和四周期指令等 3 种。四周期指令只有乘法和除法指令两条,其余均为单周期和双周期指令。

单片机执行任何一条指令时,都可以分为取指令阶段和执行指令阶段。ALE 引脚上出现的信号是周期性的,在每个机器周期内两次出现高电平。第一次出现在 S1P2 和 S2P1 期间,第二次出现在 S4P2 和 S5P1 期间。ALE 信号每出现一次,CPU 就进行一次取指令操作,但由于不同指令的字节数和机器周期数不同,因此取指令操作也随指令不同而有小的差异。

按照指令字节数和机器周期数,8051 的 111 条指令可分为 6 类,分别是单字节单周期指令、单字节双周期指令、单字节四周期指令、双字节单周期指令、双字节双周期指令、三字节双周期指令。

图 4.13 所示分别给出了单字节单周期和双字节单周期指令的时序。单周期指令的执行始于 S1P2,这时操作码被锁存到指令寄存器内。若是双字节,则在同一机器周期的 S4 读第二字节。若是单字节指令,则在 S4 仍有读出操作,但被读入的字节无效,且程序计数器 PC 并不增量。

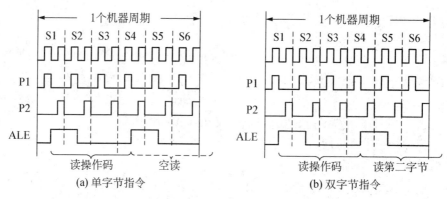

(a) 单字节指令　　　　　　　(b) 双字节指令

图 4.13　MCS-51 单周期指令时序

图 4.14 所示给出了单字节双周期指令的时序,两个机器周期内进行 4 次读操作码操作。因为是单字节指令,后 3 次读操作都是无效的。

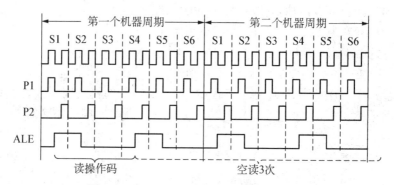

图 4.14　MCS-51 单字节双周期指令时序

4.4.2　单片机的复位电路

单片机复位如同计算机在启动运行前需要复位一样,也是使 CPU 和系统中的其他功能部件都处在一个确定的初始状态,并从这个状态开始工作,如复位后 PC＝0000H,使单片机从第一个单元取指令。无论是在单片机刚开始接上电源,还是断电后或者发生故障后都要复位。所以,必须弄清楚 MCS-51 型单片机复位的条件、复位电路和复位后状态。

单片机复位的条件是必须使 RST 引脚(9)加上持续两个机器周期(即 24 个振荡周期)的高电平。例如,若时钟频率为 12 MHz,每机器周期为 1 μs,则只需 2 μs 以上时间的高电平,在 RST 引脚出现高电平后的第二个机器周期执行复位。单片机常见的复位电路如图 4.15 所示。

图 4.15(a)为上电自动复位电路,它是利用电容充电来实现的。在加电瞬间,RST 端的电位与 V_{cc} 相同,随着充电电流的减少,RST 的电位逐渐下降。只要保证 RST 为高电平的时间大于两个机器周期,便能正常复位。

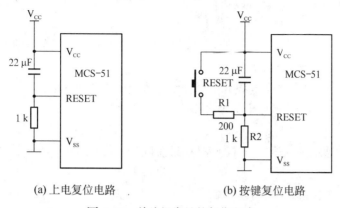

(a) 上电复位电路　　　　　　　(b) 按键复位电路

图 4.15 单片机常见的复位电路

图 4.15(b)为按键复位电路。该电路除具有上电复位功能外,若要复位,只需按图 4.15 (b)中的 RESET 键,此时电源 V_{cc} 经电阻 R1,R2 分压,在 RST 端产生一个复位高电平。

单片机复位期间不产生 ALE 和 $\overline{PSEN}$ 信号,即 ALE=1 和 $\overline{PSEN}$=1。这表明,单片机复位期间不会有任何取指操作。复位后,内部各专用寄存器状态如下:

PC:	0000H	TMOD:	00H
ACC:	00H	TCON:	00H
B:	00H	TH0:	00H
PSW:	00H	TL0:	00H
SP:	07H	TH1:	00H
DPTR:	0000H	TL1:	00H
P0~P3:	FFH	SCON:	00H
IP:	***00000B	SBUF:	不定
IE:	0**00000B	PCON:	0***0000B

其中 * 表示无关位。注意:

(1) 复位后 PC 值为 0000H,表明复位后程序从 0000H 开始执行。

(2) SP 值为 07H,表明堆栈底部在 07H。一般需重新设置 SP 值。

(3) P0~P3 口值为 FFH。P0~P3 口用作输入口时,必须先写入"1"。单片机在复位后,以使 P0~P3 口每一端线为"1",为这些端线用作输入口做准备。

4.5 单片机和 ECU 的工作过程

1. 单片机的工作过程

单片机的工作过程实质上是执行用户编制程序的过程,一般程序的机器码都已固化到存储器中,因此开机复位后,就可以执行指令。执行指令又是取指令和执行指令的周而复始的过程。

假设指令 MOV A,♯08H 机器码 74H,08H 已存在 0000H 开始的单元中,表示把 08H 这个值送入 A 累加器。

(1) 取指令的过程　接通电源开机后,PC＝0000H,取指令过程如下:

① PC 中的 0000H 送到片内的地址寄存器;

② PC 的内容自动加 1 变为 0001H 指向下一个指令字节;

③ 地址寄存器中的内容 0000H 通过地址总线送到存储器,经存储器中的地址译码选中 0000H 单元;

④ CPU 通过控制总线发出读命令;

⑤ 被选中单元的内容 74H 送内部数据总线上,该内容通过内部数据总线送到单片机内部的指令寄存器。到此取指令过程结束,进入执行指令过程。

(2) 执行指令的过程　PC＝0001H,执行指令过程如下:

① 指令寄存器中的内容经指令译码器译码后,说明这条指令是取数命令,即把一个立即数送 A 中;

② PC 中的 0001H 送到地址寄存器,译码后选中 0001H 单元,同时 PC 的内容自动加 1 变为 0002H;

③ CPU 同样通过控制总线发出读命令;

④ 0001H 单元的内容 08H 读出经内部数据总线送至 A,至此本指令执行结束。PC＝0002H,机器又进入下一条指令的取指令过程。一直重复上述过程直到程序中的所有指令执行完毕,这就是单片机的基本工作过程。

2. ECU 的工作原理

ECU (electronic control unit),即电子控制单元的缩写,其基本构成如图 4.16 所示。ECU 的主要工作是按照特定的程序对输入信号进行处理,并形成相应的控制指令,向执行器输出驱动信号。由图可知,它由输入信号处理电路、输出信号电路和微机系统构成。ECU

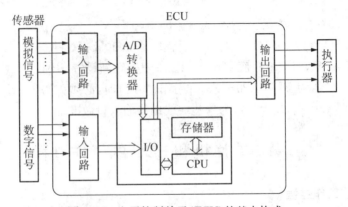

图 4.16 电子控制单元(ECU)的基本构成

的主要工作过程由微处理器进行,而微处理器是通过读取系统指令进行工作的。在存储器的特定区段中,存储着指令和数据。其中,存放着处理器下一指令所在地址的寄存器,称为程序计数器;用于临时存放从存储器中读出指令的寄存器,称为指令寄存器。

微处理器工作时,根据程序计数器中的地址将指令读入指令寄存器中,然后对指令进行翻译,而程序计数器则存储下一条指令所在的地址。微处理器在获得执行该指令所必需的信息以后,将执行该指令所定义的过程,指令定义的过程主要包括对数据进行存储、运算、逻辑判断和函数转换等。当一条指令执行结束以后,微处理器将重复进行确定指令存储器地址、读取指令、解译指令和执行指令这一循环过程,执行下一条指令,直到程序中的全部指令执行完毕。为了改善程序的结构,程序中往往会包含一些子程序,每个子程序用于实现一个特定的功能。主程序需要调用子程序时,有一条指令使程序计数器设置为子程序第一条程序所在的地址,然后微处理器将运行该子程序。当子程序运行结束时,子程序的最后一条指令又使微处理器返回到当初离开主程序的位置。

微处理器的另一个重要工作是对来自输入、输出和反馈电路的优先信号作出反应,当这些优先信号输入微处理器时,微处理器将停止正在进行的工作,转向运行处理这些优先信号的子程序,这一过程称为中断服务,这些需要优先处理的信号称为中断信号。中断服务功能可以使微处理器不必对控制系统进行连续监测,又可以在进行其他控制过程中按照需要对中断信号进行处理,使处理这些信号的时效性得到保证。例如,发动机点火过于提前而导致爆燃发生时,由爆燃传感器反馈的爆燃信号将使微处理器中断正在进行的工作,而转向运行延迟点火正时的子程序,使因爆燃引起的燃烧得到抑制。

4.6 单片机 I/O 扩展

4.6.1 最小应用系统的构成

用单片机组成应用系统时,使单片机能够正常工作而必须辅以的最少外围电路,与单片机一起构成单片机的最小应用系统。最小应用系统一般包括单片机、时钟电路、复位电路、电源电路、存储器等。

任何一个复杂的应用系统都是以最小应用系统为基础,通过扩展外部功能模块的方法实现的,所以要学好单片机还必须掌握单片机的外部扩展特性。

4.6.2 MCS-51 单片机的外部扩展特性

当单片机最小系统不能满足系统功能要求时,就需要进行扩展。单片机的系统扩展采用三总线结构,即由地址总线、数据总线和控制总线组成,如图 4.17 所示。

1. 地址总线(address bus)

地址总线宽度为 16 位,最大寻址范围为 64 kB。

地址总线由 P0 口提供地址低 8 位 A0~A7,P2 口提供地址高 8 位 A8~A15。由于 P0 口

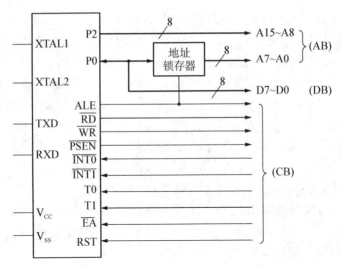

图 4.17 单片机的三总线结构示意图

是数据/地址复用线,只能分时作地址线使用,故 P0 口输出的地址低 8 位只能在地址有效时,由 ALE 的下降沿锁存到地址锁存器中保持。P2 具有输出锁存功能,故不需外加锁存器便可保持地址高 8 位。P0 口和 P2 口作系统扩展的地址线后,便不能再作一般的 I/O 口使用。

2. 数据总线(data bus)

数据总线由 P0 口提供,其宽度为 8 位,该口为三态双向口,是应用系统中使用最为频繁的通道。单片机与外部交换的数据、指令、信息,几乎全部由 P0 口传送。

通常系统数据总线上往往连有很多芯片,而在某一时刻,数据总线上只能有一个有效的数据,则由地址控制各个芯片的片选线来选择哪个芯片的数据有效。

3. 控制总线(control bus)

系统扩展的控制线有 $\overline{WR}$,$\overline{RD}$,$\overline{PSEN}$,ALE,$\overline{EA}$。系统扩展时,作为数据/地址复用总线的 P0 口本身无锁存功能,当作为地址输出时必须外接锁存器,常用地址锁存器有 74 系列的 373 和 273,逻辑图和功能表如图 4.18 所示。而且 P0 口只可驱动 8 个 LSTTL 门电

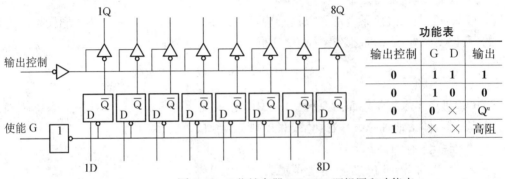

图 4.18 8 位锁存器 74LS373 逻辑图和功能表

路,P1,P2,P3 口只能驱动 4 个 LSTTL 门电路。当应用系统规模较大,超过其负载能力时,系统便不能稳定、可靠地工作。在这种情况下,系统设计时应加总线驱动器,以增强系统总线的驱动能力。常用的有单向总线驱动器 74LS244、双向驱动器 74LS245 等芯片。

4.7 单片机开发过程

一个单片机应用系统从提出任务到正式投入运行的过程,称为单片机的开发。开发过程所用的设备,称为开发工具。

单片机价格低、功能强、简单易学、使用方便,可用来组成各种不同规模的应用系统。但由于它的硬件和软件的支持能力有限,自身无调试能力,因此必须借助于开发工具来排除应用系统(或称目标系统)样机中的硬件故障,生成目标程序,并排除程序错误。目标系统调试成功以后,还需要用开发工具把目标程序固化到单片机内部或外部 EEPROM 芯片中。

4.7.1 单片机开发系统

单片机开发系统在硬件上增加了目标系统的在线仿真器、编程器等部件,所提供的软件除有简单的操作系统之外,还增加了目标系统的汇编和调试程序等。

单片机开发系统又称为开发机或仿真器。仿真的目的是利用开发机的资源(CPU、存储器和 I/O 设备等)来模拟要开发的单片机应用系统(即目标机)的 CPU、存储器和 I/O 操作,并跟踪和观察目标机的运行状态。

1. 在线仿真功能

单片机的仿真器具有与所要开发的单片机应用系统相同的单片机芯片(如 AT89C51 或 AT89S51 等),仿真器就是一个单片机系统。当单片机用户系统接线完毕后,由于自身无法验证好坏,无调试能力,可以把应用系统中的单片机芯片拔掉,插上在线仿真器的仿真头,如图 4.19 所示,此时单片机应用系统和仿真器共用一块单片机芯片。当在开发系统上通过在线仿真器调试单片机应用系统时,就像使用应用系统中真实的单片机一样。

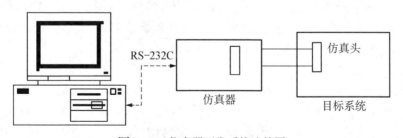

图 4.19 仿真器开发系统连接图

2. 调试功能

开发系统对目标系统硬、软件的调试功能强弱直接影响到开发的效率。性能优良的单片机开发系统应具有下列调试功能。

（1）运行控制功能　开发系统为了检查程序运行的结果,必须对存在的硬件故障和软件错误进行定位。

① 单步运行:单步运行命令把函数和函数调用当作一个实体来看待,必要时可以跳过函数。

② 断点设置:在调试程序的过程中,设置一些断点能更好地帮助用户分析程序的运行情况,有效地提高工作效率。

③ 全速运行:能使 CPU 从指定地址开始连续地全速运行目标程序。

④ 单步跟踪:类似单步运行过程,但可以跟踪到子程序中运行。

（2）目标系统状态的读出修改功能　当 CPU 停止执行目标系统的程序后,允许用户方便地读出或修改目标系统资源的状态,以便检查程序运行的结果、设置断点条件以及设置程序的初始参数。可供用户读出/修改的目标系统资源包括:

① 程序存储器(开发系统中的仿真 RAM 存储器或目标机中的程序存储器);

② 单片机中片内资源(工作寄存器、特殊功能寄存器、I/O 口、RAM 数据存储器、位单元);

③ 系统中扩展的数据存储器、I/O 口。

（3）跟踪功能　高性能的单片机开发系统具有逻辑分析仪的功能,在目标程序运行过程中,能跟踪存储目标系统总线上的地址、数据和控制信号的状态变化,跟踪存储器能同步地记录总线上的信息。用户可以根据需要显示跟踪存储器搜集到的信息,也可以显示某一位总线状态变化的波形。

（4）程序固化功能　在单片机应用系统中,常要扩展 EPROM 或 EEPROM 作为存放程序和常数的程序存储器。应用程序尚未调好之前可借用开发系统的存储器,当系统调试完毕,确认软件无故障时,应把用户应用系统的程序固化到 EEPROM 中去,EEPROM 写入器就是完成这种项目的专用设备。

4.7.2　单片机应用系统设计

随着单片机的普及,以及硬件技术的发展,用户自行设计及制作一个单片机系统,不论是从技术上还是从制作时间以及元件供应方面来看,都已经不成问题。所以现在设计一个新的控制系统时,通常都是自行选择元件、自行设计系统结构,即所谓从元件级开始进行设计。从元件级开始进行设计主要包括以下几个方面。

1. 单片机型号的选择

选择何种型号的单片机,归根结底是要选择一个片内 ROM 和片内接口能够满足需要的单片机,尽可能做到不在片外扩充。因此,可根据需要选择一个合适的 ROM 型号。选择单片机除了考虑 ROM 容量外,还要考虑接口是否够用,在接口数量不够的情况下,选择外形比较小的型号。

2. 片外存储器的扩充及配置

扩充片外的存储器应考虑:

（1）选择存储器类型和容量;

（2）确定存储器的地址分配；

（3）确定存储器与单片机的连接方法。

3. 输入/输出通道和接口的设计

输入通道是指向系统输入信号的电路。如果输入通道是开关或频率信号，一般只要加上必要的防抖动措施，都可以与系统直接连接，图 4.20 所示为光耦输入电路，图 4.21 所示为三态门输入电路。

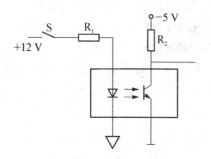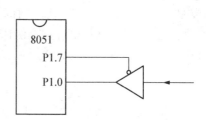

图 4.20　光耦输入电路　　　　图 4.21　三态门输入电路

非标准电平的外围设备要与系统相连接，则需要经过电平转换。有时为了系统传输的需要，也要变换电平。如图 4.22 所示是单片机串口，TTL 电平通过 RS-232 芯片转换为 ± 12 V 的 RS-232 电平，保证串口传输的可靠性。

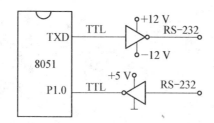

图 4.22　RS-232 电平转换电路

根据控制系统的需要和输入/输出通道的数量，如果单片机的接口不够用，就要在片外扩充，扩充时应考虑：

（1）选择 I/O 接口芯片的类型；

（2）确定扩充后 I/O 接口的地址空间分配；

（3）确定 I/O 接口与单片机的连接方式。

4. 电源选择

系统电路的设计工作完成之后，就要选择或自行设计功率和电压合适的电源。凡采用光耦隔离的电路，光耦两侧的电源系统不能共地，否则将失去隔离作用。

5. 程序设计语言选择

单片机的程序设计语言有机器语言、汇编语言和高级语言。

（1）机器语言 单片机应用系统只使用机器语言（指令的二进制代码，又称指令代码）。机器语言指令组成的程序，称目标程序。例如，MCS－51两个寄存器相加的机器语言指令：00101000

（2）汇编语言 与机器语言指令——对应的英文单词缩写，称为指令助记符。汇编语言编写的程序，称为汇编语言程序。例如，MCS－51两个寄存器相加汇编语言指令：ADD A，R0

（3）高级语言 通用性好，程序设计人员只要掌握开发系统所提供的高级语言的使用方法，就可以直接用该语言编写程序。MCS－51系列单片机的编译型高级语言有 C，PL/M－51，C－51，MBASIC－51 等；解释型高级语言有 BASIC－52，TINY BASIC 等。编译型高级语言可生成机器码，解释型高级语言必须在解释程序支持下解释执行，因此编译型高级语言更适合作为微机开发语言。

第五部分
单片机实践项目

5.1 项目1闪烁灯的单片机控制

项目任务要求

用户目标：设计制作一套用按钮控制闪烁灯闪烁的控制装置。

用户要求：按钮作为单片机的输入，闪烁灯作为单片机的输出，通过按钮改变输出状态。

项目分析

该项目任务属于典型的单片机输入与输出控制系统，选用 MCS-51 系列 AT89C51 单片机作为闪烁灯的控制核心。练习用指令判断按钮的启闭，学习用按钮改变输出状态。

相关知识

5.1.1 指令简介

1. 指令概述

指令是规定单片机进行某种操作的命令。一条指令只能完成有限的功能，为使单片机完成一定的或复杂的功能就需要一系列指令。单片机能够执行的各种指令的集合就称为指令系统。

单片机能执行什么样的操作，是在单片机设计时确定的，一条指令对应着一种基本操作。由于单片机只能识别二进制数，所以指令也必须用二进制形式来表示，称为指令的机器码或机器指令。

MCS-51 单片机指令系统共有 33 种功能，42 种助记符，111 条指令。

2. 指令格式

MCS-51 单片机指令系统包括 49 条单字节指令、45 条双字节指令和 17 条三字节指令。采用助记符表示的汇编语言指令格式为

[标号：]操作码[目的操作数][，源操作数][：注释]

标号是加在指令的前面表示该指令位置的符号地址,可有可无;标号由 1~8 个字符组成,第一个字符必须是英文字母,不能是数字或其他符号;标号后必须用":"。

操作码是由助记符表示的字符串,表示指令所实现的操作功能,如 MOV 表示数据传送操作、ADD 表示加法操作等。

操作数指出了参加运算的数据或数据存放的位置,一般有以下几种形式。

(1) 没有操作数项　操作数隐含在操作码中,如 RET 指令。

(2) 只有一个操作数　如 CLR　P1.0 指令。

(3) 有两个操作数　如 MOV A,♯0EFH 指令,操作数之间以逗号相隔。

(4) 有 3 个操作数　如 CJNE A,♯08H,NEXT 指令,操作数之间也以逗号相隔。

注释是对语句的解释说明,用以提高程序的可读性,注释前必须加":"。计算机对它不作处理,注释部分不影响指令的执行。

5.1.2　寻址方式

从指令格式知道,指令的重要组成部分是操作数,指出了参与操作的数据或数据的地址。寻找操作数地址的方式,称为寻址方式。一条指令采用什么样的寻址方式,是由指令的功能决定的,寻址方式越多,指令功能就越强。

MCS-51 指令系统共使用了 7 种寻址方式,包括寄存器寻址、直接寻址、立即数寻址、寄存器间接寻址、变址寻址、相对寻址和位寻址。

1. 立即数寻址

立即数寻址是指将操作数直接写在指令中。在这种寻址方式中,指令多是双字节的。例如,指令 MOV A,♯3AH 执行的操作是将立即数 3AH 送到累加器 A 中,该指令就是立即数寻址。

图 5.1　立即数寻址示意图

注意:立即数前面必须加"♯"号,以区别立即数和直接地址。该指令的执行过程如图 5.1所示。

2. 直接寻址

直接寻址是指把存放操作数的内存单元的地址直接写在指令中。在 MCS-51 单片机中,可以直接寻址的存储器主要有内部 RAM 区和特殊功能寄存器 SFR 区。例如,指令 MOV A,3AH 执行的操作是将内部 RAM 中地址为 3AH 的单元内容传送到累加器 A 中,其操作数 3AH 就是存放数据的单元地址,因此该指令是直接寻址。设内部 RAM 3AH 单元的内容是 88H,那么指令 MOV A,3AH·的执行过程如图 5.2 所示。

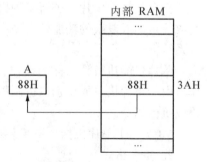

图 5.2　直接寻址示意图

3. 寄存器寻址

寄存器寻址是指将操作数存放于寄存器中,寄存器包括工作寄存器 R0~R7、累加器 A、

通用寄存器 B、地址寄存器 DPTR 等。例如,指令
MOV R1,A 的操作是把累加器 A 中的数据传送到
寄存器 R1 中,其操作数存放在累加器 A 中,所以寻
址方式为寄存器寻址。

如果程序状态寄存器 PSW 的 RS1RS0＝01(选
中第二组工作寄存器,对应地址为08H～0FH),设
累加器 A 的内容为 20H,则执行 MOV R1,A 指令
后,内部 RAM 09H 单元的值就变为 20H,如图 5.3
所示。

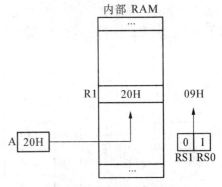

图 5.3　寄存器寻址示意图

4. 寄存器间接寻址

寄存器间接寻址是指操作数所指定的寄存器中存放的不是操作数本身,而是操作数地
址,这种寻址方式是用于访问片内数据存储器或片外数据存储器。用于寄存器间接寻址的
寄存器有 R0、R1 和 DPTR,称为寄存器间接寻址寄存器。

注意:间接寻址寄存器前面必须加上符号"@"。

例如,指令 MOV A,@R0 执行的操作是将 R0 的内容作为内部 RAM 的地址,再将该
地址单元中的内容取出来送到累加器 A 中。

设 R0＝3AH,内部 RAM 3AH 中的值是 65H,则指令 MOV A,@R0 的执行结果是累
加器 A 的值为 65H,该指令的执行过程如图 5.4 所示。

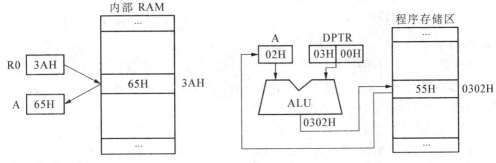

图 5.4　寄存器间址寻址示意图　　　　图 5.5　变址寻址示意图

5. 变址寻址

变址寻址是将基址寄存器与变址寄存器的内容相加,结果作为操作数的地址。DPTR
或 PC 是基址寄存器,累加器 A 是变址寄存器。该类寻址方式主要用于查表操作。例如,指
令 MOVC A,@A＋DPTR 执行的操作是将累加器 A 和基址寄存器 DPTR 的内容相加,相
加结果作为操作数存放的地址,再将操作数取出来送到累加器 A 中。

设累加器 A＝02H, DPTR＝0300H,外部 ROM(0302H)＝55H,则指令 MOVC A,
@A＋DPTR的执行结果是累加器 A 的内容为 55H,该指令的执行过程如图 5.5 所示。

6. 相对寻址

相对寻址是指程序计数器 PC 的当前内容与指令第二字节所给出的数相加,其结果作为

跳转指令的转移地址(也称目的地址)。该类寻址方式主要用于跳转指令。例如,JC rel 这条指令表示若进位 C=0,则不跳转,程序继续向下执行;若进位 C=1,则以 PC 中的当前值为基地址,加上偏移量 rel 后所得到的结果为该转移指令的目的地址。

现假设该指令存放于 0100H,0101H 单元,且 rel=30H,若(C)=1,因 PC 当前值(下一条指令的地址)为 0102H,故执行完该指令后,程序转向(PC)+30H=0132H 地址执行。0132H 地址称为目的地址,0100H 称为源地址。该指令执行过程如图 5.6 所示。

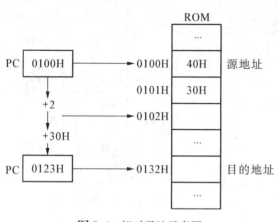

图 5.6 相对寻址示意图

在实际工作中,有时需根据已知的源地址和目的地址计算偏移量 rel。现以两字节相对转移指令为例,讨论偏移量 rel 的计算。

正向跳转时,则

$$rel=目的地址-源地址-2=地址差-2;$$

反向跳转时,目的地址小于源地址,rel 用负数的补码表示,则

$$rel=(目的地址-(源地址+2))补$$
$$=FFH-(源地址+2-目的地址)+1=FEH-|地址差|。$$

7. 位寻址

位寻址是指按位进行的操作。MCS-51 单片机中,操作数不仅可以按字节为单位进行操作,也可以按位进行操作。当把某一位作为操作数时,这个操作数的地址称为位地址。而上述介绍的指令都是按字节进行的操作。

位寻址区包括专门安排在内部 RAM 中的两个区域:一是内部 RAM 的位寻址区,地址范围是 20H~2FH,共 16 个 RAM 单元,位地址为 00H~7FH;二是特殊功能寄存器 SFR 中有 11 个寄存器可以位寻址。

例如,指令 SETB 3DH 执行的操作是将内部 RAM 位寻址区中的 3DH 位置 1。设内部 RAM 27H 单元原来的内容是 00H,执行 SETB 3DH 后,由于 3DH 对应着内部 RAM 27H 的第 5 位,因此该位变为 1,也就是 27H 单元的内容变为 20H。该指令的执行过程如图 5.7 所示。

图 5.7 位寻址示意图

5.1.3 指令系统

MCS-51 单片机指令系统包括 111 条指令,按功能可以划分为 5 类:数据传送指令(29

条)、算术运算指令(24 条)、逻辑运算指令(24 条)、控制转移指令(17 条)、位操作指令(17 条)。

1. 指令系统中的符号说明

在介绍指令系统前,先了解一些特殊符号的意义,对今后程序的编写有很大帮助,其意义见表 5.1。

表 5.1　指令描述约定

符号	含　义
Rn	表示当前选定寄存器组的工作寄存器 R0~R7
Ri	表示作为间接寻址的地址指针 R0 或 R1
♯data	表示 8 位立即数,即 00H~FFH
♯data16	表示 16 位立即数,即 0000H~FFFFH
addr16	表示 16 位地址,用于 64 kB 范围内寻址
addr11	表示 11 位地址,用于 2 kB 范围内寻址
direct	8 位直接地址,可以是内部 RAM 区的某一单元或某一专用功能寄存器的地址
Rel	带符号的 8 位偏移量(−128~+127)
Bit	位寻址区的直接寻址位
(X)	X 地址单元中的内容
((X))	将 X 地址单元中的内容作为地址,该地址单元中的内容
←	将←后面的内容传送到前面去

2. 数据传送类指令

数据传送类指令是最常用、最基本的一类指令,包括内部 RAM、寄存器、外部 RAM 以及程序存储器之间的数据传送。

数据传送操作是指把数据从源地址传送到目的地址,源地址内容不变。

(1)内部 8 位数据传送指令　内部 8 位数据传送指令共 15 条,主要用于 MCS-51 单片机内部 RAM 与寄存器之间的数据传送。指令基本格式:MOV 〈目的操作数〉,〈源操作数〉。

① 以累加器 A 为目的地址的传送指令(4 条):

助记符格式	相应操作	指令说明	机器周期
MOV A, Rn	A←Rn	$n=0$~7	1
MOV A, direct	A←(direct)		1
MOV A, @Ri	A←(Ri)	$i=0, 1$	1
MOV A, ♯data	A←♯data		1

注:以上传送指令的结果影响程序状态字寄存器 PSW 的 P 标志。

例 5.1　已知相应单元的内容,请指出下列每条指令执行后相应单元内容的变化:

(1) MOV A, ♯30H

(2) MOV A，40H

(3) MOV A，R0

(4) MOV A，@R0

累加器 A	40H
寄存器 R0	50H
内部 RAM：40H	60H
内部 RAM：50H	20H

解：(1) MOV A，♯30H 执行后，A＝30H。

(2) MOV A，40H 执行后，A＝60H。

(3) MOV A，R0 执行后，A＝50H。

(4) MOV A，@R0 执行后，A＝20H。

② 以 Rn 为目的地址的传送指令(3 条)：

助记符格式	相应操作	指令说明	机器周期
MOV Rn，A	Rn←A	$n=0\sim7$	1
MOV Rn，direct	Rn←(direct)	$n=0\sim7$	1
MOV Rn，♯data	Rn←♯data	$n=0\sim7$	1

注：以上传送指令的结果不影响程序状态字寄存器 PSW 标志。

③ 以直接地址为目的地址的传送指令(5 条)：

助记符格式	相应操作	指令说明	机器周期
MOV direct，A	(direct)←A		1
MOV direct，Rn	(direct)←Rn	$n=0\sim7$	1
MOV direct2，direct1	(direct2)←(direct1)		2
MOV direct，@Ri	(direct)←(Ri)	$i=0，1$	2
MOV direct，♯data	(direct)←♯data		2

注：以上传送指令的结果不影响程序状态字寄存器 PSW 标志。

④ 以寄存器间接地址为目的地址的传送指令(3 条)：

助记符格式	相应操作	指令说明	机器周期
MOV @Ri，A	(Ri)←A	$i=0，1$	1
MOV @Ri，direct	(Ri)←(direct)	$i=0，1$	2
MOV @Ri，♯data	(Ri)←♯data	$i=0，1$	1

注：以上传送指令的结果不影响程序状态字寄存器 PSW 标志。

例5.2 已知相应单元的内容，请指出下列指令执行后各单元内容相应的变化：

(1) MOV A，R6

(2) MOV R7，70H

（3）MOV 70H，50H

（4）MOV 40H，@R0

（5）MOV @R1，♯88H

寄存器 R0	50H
寄存器 R1	66H
寄存器 R6	20H
内部 RAM：50H	60H
内部 RAM：66H	45H
内部 RAM：70H	30H

解：（1）MOV A，R6 执行后，A＝20H。

　　（2）MOV R7，70H 执行后，R7＝30H。

　　（3）MOV 70H，50H 执行后，（70H）＝60H。

　　（4）MOV 40H，@R0 执行后，（40H）＝60H。

　　（5）MOV @R1，♯88H 执行后，（66H）＝88H。

（2）16 位数据传送指令　1 条：

助记符格式	相应操作	指令说明	机器周期
MOV DPTR，♯data16	DPTR←♯data16	把 16 位常数装入数据指针	2

注：以上指令结果不影响程序状态字寄存器 PSW 标志。

（3）外部数据传送指令　4 条：

助记符格式	相应操作	指令说明	机器周期
MOVX A，@DPTR	A←(DPTR)	把 DPTR 所对应的外部 RAM 地址中的内容传送给累加器 A	2
MOVX A，@Ri	A←(Ri)	i=0，1	2
MOVX @DPTR，A	(DPTR)←A	结果不影响 P 标志	2
MOVX @Ri，A	(Ri)←A	i=0，1，结果不影响 P 标志	2

注：①外部 RAM 只能通过累加器 A 进行数据传送。

②累加器 A 与外部 RAM 之间传送数据时只能用间接寻址方式，间接寻址寄存器为 DPTR，R0，R1。

③以上传送指令结果通常影响程序状态字寄存器 PSW 的 P 标志。

例 5.3　编程把外部数据存储器 2040H 单元中的数据传送到外部数据存储器 2570H 单元中去。

　　解：

```
MOV   DPTR，♯2040H
MOVX A，@DPTR          ;先将 2040H 单元的内容传送到累加器 A 中
MOV   DPTR，♯2570H
MOVX @DPTR，A          ;再将累加器 A 中的内容传送到 2570H 单元中
```

（4）交换和查表类指令　共 9 条。

①字节交换指令（3 条）：

助记符格式	相应操作	指令说明	机器周期
XCH A, Rn	A↔Rn	A 与 Rn 内容互换	1
XCH A, direct	A↔(direct)		1
XCH A, @Ri	A↔(Ri)	i＝0, 1	1

注:以上指令结果影响程序状态字寄存器 PSW 的 P 标志。

② 半字节交换指令(1 条):

助记符格式	相应操作	指令说明	机器周期
XCHD A, @Ri	A3~0↔(Ri)3~0	低 4 位交换,高 4 位不变	1

注:上面指令结果影响程序状态字寄存器 PSW 的 P 标志。

③ 累加器 A 中高 4 位和低 4 位交换指令(1 条):

助记符格式	相应操作	指令说明	机器周期
SWAP A	(A)3~0↔(A)7~4	高、低 4 位互相交换	1

注:上面指令结果不影响程序状态字寄存器 PSW 标志。

例 5.4 设内部数据存储区 2BH,2CH 单元中连续存放有 4 个 BCD 码,试编写一程序把这 4 个 BCD 码倒序排序,即

a3 a2		a1 a0	←	a0 a1		a2 a3
2BH		2CH		2BH		2CH

。

解:程序如下:

```
MOV R0, ♯2BH      ;将立即数 2BH 传送到寄存器 R0 中
MOV A,@R0         ;将 2BH 单元的内容传送到累加器 A 中
SWAPA             ;将累加器 A 中的高 4 位与低 4 位交换
MOV @R0,A         ;将累加器 A 的内容传送到 2BH 单元中
MOV R1,♯2CH       ;将立即数 2CH 传送到寄存器 R0 中
MOV A,@R1         ;将 2CH 单元的内容传送到累加器 A 中
SWAPA             ;将累加器 A 中的高 4 位与低 4 位交换
XCH A,@R0         ;将累加器 A 中的内容与 2BH 单元的内容交换
MOV @R1,A         ;累加器 A 的内容传送到 2CH 单元
```

④ 查表指令(2 条):

助记符格式	相应操作	指令说明	机器周期
MOVC A，@A+PC	A←(A+PC)	A+PC 所指外部程序存储单元的值送 A	2
MOVC A，@A+DPTR	A←(A+DPTR)	A+DPTR 所指外部程序存储单元的值送 A	2

注：a. 以上指令结果影响程序状态字寄存器 PSW 的 P 标志。
　　b. 查表指令用于查找存放在程序存储器中的表格。

⑤ 堆栈操作指令(2 条)：

助记符格式	相应操作	指令说明	机器周期
PUSH direct	SP←SP+1 (SP)←(direct)	将 SP 加 1,然后将源地址单元中的数传送到 SP 所指示的单元中去	2
POP direct	(direct)←(SP) SP←SP−1	将 SP 所指示的单元中的数传送到 direct 地址单元中,然后 SP←SP−1	2

注：a. 堆栈是用户自己设定的内部 RAM 中的一块专用存储区,使用时一定先设堆栈指针;堆栈指针缺省为 SP=07H。
　　b. 堆栈遵循"后进先出"的原则安排数据。
　　c. 堆栈操作必须是字节操作,而且只能直接寻址。将累加器 A 入栈、出栈指令可以写成:PUSH/POP ACC 或 PUSH/POP 0E0H,而不能写成:PUSH/POP A。
　　d. 堆栈通常用于临时保护数据及子程序调用时,保护现场/恢复现场。
　　e. 此类指令结果不影响程序状态字寄存器 PSW 标志。

例 5.5 设(30H)=01H,(40H)=1AH。将内部 RAM 的 30H 与 40H 两单元的内容交换。

解:程序如下:

```
PSUH      30H
PSUH      40H
POP       30H
POP       40H
```

执行结果:(30H)=1AH,(40H)=01H

3. 算术运算类指令

(1) 加、减法指令　22 条。

① 加法指令(8 条)：

助记符格式	相应操作	指令说明	机器周期
ADD A，Rn	A←A+Rn	n=0~7	1
ADD A，direct	A←A+(direct)		1
ADD A，@Ri	A←A+(Ri)	i=0，1	1
ADD A，#data	A←A+#data		1

助记符格式	相应操作	指令说明	机器周期
ADDC A, Rn	A←A＋Rn＋CY	n＝0～7	1
ADDC A, direct	A←A＋(direct)＋CY		1
ADDC A, @Ri	A←A＋(Ri)＋CY	i＝0, 1	1
ADDC A, ♯data	A←A＋♯data＋CY		1

注：a. ADD 与 ADDC 的区别为是否加进位位 CY。

　　b. 指令执行结果均在累加器 A 中。

　　c. 以上指令结果均影响程序状态字寄存器 PSW 的 CY, OV, AC 和 P 标志。

如果 D7 位有进位,则进位位 CY 为 1;否则,CY 为 0。如果 D3 位有进位,则辅助进位位 AC 为 1;否则,AC 为 0。如果 D6 位有进位而 D7 位无进位,或 D6 位无进位而 D7 位有进位,则溢出标志 OV 为 1;否则,OV 为 0。OV 标志可由计算公式 OV＝C7⊕C6 来确定,其中 C6, C7 分别为 D6 位、D7 位向高位的进位。

② 减法指令(4 条)：

助记符格式	相应操作	指令说明	机器周期
SUBB A, Rn	A←A－Rn－CY	n＝0～7	1
SUBB A, direct	A←A－(direct)－CY		1
SUBB A, @Ri	A←A－(Ri)－CY	i＝0, 1	1
SUBB A, ♯data	A←A－♯data－CY		1

注：a. 减法指令中没有不带借位的减法指令,所以在需要时,必须先将 CY 清 0。

　　b. 指令执行结果均在累加器 A 中。

　　c. 减法指令结果影响程序状态字寄存器 PSW 的 CY, OV, AC 和 P 标志。

例 5.6　(A)＝0C3H,(R0)＝0AAH,执行指令 ADD A, R0,则操作为

$$
\begin{array}{r}
11000011 \\
＋)\ 10101010 \\
\hline
1\ 01101101
\end{array}
$$

运算后,CY＝1, OV＝1, AC＝0, P＝1, (A)＝6DH。

若 C3H 和 AAH 看作无符号数相加,则不考虑溢出,结果为 16DH;若把 C3H 和 AAH 看作有符号数,则得到两个负数相加得正数的错误结论,此时 OV＝1,表示出错。OV＝1 表示两正数相加、和变成负数,或两负数相加、和变成正数的错误结果。溢出标志 OV 在 CPU 内部是靠硬件异或门获得的。

③ BCD 码调正指令(1 条)：

助记符格式	指令说明	机器周期
DA　A	BCD 码加法调正指令	1

注:a. 结果影响程序状态字寄存器 PSW 的 CY,OV,AC 和 P 标志。

　b. BCD (binary coded decimal)码是用二进制形式表示十进制数,如十进制数 45,其 BCD 码形式为 45H。BCD 码只是
　　 一种表示形式,与其数值没有关系。

BCD 码用 4 位二进制码表示一位十进制数,这 4 位二进制数的权为 8421,所以 BCD 码又称为 8421 码。十进制数码 0~9 所对应的二进制码见表 5.2。

表 5.2　十进制数码与 BCD 码对应表

十进制数码	0	1	2	3	4	5	6	7	8	9
二进制码	0000	0001	0010	0011	0100	0101	0110	0111	1000	1001

在表 5.2 中,用 4 位二进制数表示一个十进制数位,如 56D 和 87D 的 BCD 码表示为

0101 0110　(56D)

1000 0111　(87D)

0001 0100 0011　(143D)

c. DA　A 指令将 A 中的二进制码自动调整为 BCD 码。

d. DA　A 指令只能跟在 ADD 或 ADDC 加法指令后,不适用于减法。

e. 该指令结果影响程序状态字寄存器 PSW 的 CY,OV,AC 和 P 标志。

例 5.7　说明下列指令的执行结果。

解:程序如下:

```
MOV A,♯05H        ;05H→A
ADD A,♯08H        ;05H+08H→A,A=0DH
DA  A             ;自动调整为 BCD 码,A=13H
```

④ 加 1 减 1 指令(9 条):

助记符格式	相应操作	指令说明	机器周期
INC　A	A←A+1	影响 PSW 的 P 标志	1
INC　Rn	Rn←Rn+1	n=0~7	1
INC　direct	(direct)←(direct)+1		1
INC　@Ri	(Ri)←(Ri)+1	i=0,1	1
INC　DPTR	DPTR←DPTR+1		2
DEC　A	A←A-1	影响 PSW 的 P 标志	1

助记符格式	相应操作	指令说明	机器周期
DEC Rn	Rn←Rn−1	n＝0～7	1
DEC direct	(direct)←(direct)−1		1
DEC @Ri	(Ri)←(Ri)−1	i=0，1	1

注:以上指令结果通常不影响程序状态字寄存器 PSW。

例5.8 分别指出指令 INC R0 和 INC @R0 的执行结果。设 R0＝30H,(30H)＝00H。

解: 程序如下:

```
INC   R0      ;R0+1=30H+1=31H→R0,R0=31H
INC   @R0     ;(R0)+1=(30H)+1→(R0),(30H)=01H,R0 中内容不变
```

(2) 乘、除法指令 2条。

① 乘法指令(1条):

助记符格式	相应操作	指令说明	机器周期
MUL AB	BA←A * B	无符号数相乘,高位存 B,低位存 A	4

注:乘法结果影响程序状态字寄存器 PSW 的 OV(积超过 0FFH,则置 1;否则,为 0)和 CY(总是清 0)以及 P 标志。

② 除法指令(1条):

助记符格式	相应操作	指令说明	机器周期
DIV AB	A←A/B 的商 B←A/B 的余数	无符号数相除,商存 A,余数存 B	4

注:a. 除法结果影响程序状态字寄存器 PSW 的 OV(除数为 0,则置 1;否则,为 0)和 CY(总是清 0)以及 P 标志。

b. 当除数为 0 时,结果不能确定。

4. 逻辑运算及移位类指令

(1) 逻辑运算指令 共 20 条。

① 逻辑与指令(6条):

助记符格式	相应操作	指令说明	机器周期
ANL A, direct	A←A∧(direct)	按位相与	1
ANL A, Rn	A←A∧Rn	n＝0～7	1
ANL A, @Ri	A←A∧(Ri)	i=0,1	1
ANL A, ♯data	A←A∧♯data		1

助记符格式	相应操作	指令说明	机器周期
ANL direct，A	(direct)←(direct)∧A	不影响 PSW 的 P 标志	1
ANL direct，♯data	(direct)←(direct)∧♯data	不影响 PSW 的 P 标志	2

注：a. 以上指令结果通常影响程序状态字寄存器 PSW 的 P 标志。

　　b. 逻辑与指令通常用于将一个字节中的指定位清 0,其他位不变。

② 逻辑或指令(6 条)：

助记符格式	相应操作	指令说明	机器周期
ORL A, direct	A←A∨(direct)	按位相与	1
ORL A, Rn	A←A∨Rn	n＝0～7	1
ORL A, @Ri	A←A∨(Ri)	i＝0,1	1
ORL A, ♯data	A←A∨♯data		1
ORL direct, A	(direct)←(direct)∨A	不影响 PSW 的 P 标志	1
ORL direct, ♯data	(direct)←(direct)∨♯data	不影响 PSW 的 P 标志	2

注：a. 以上指令结果通常影响程序状态字寄存器 PSW 的 P 标志。

　　b. 逻辑或指令通常用于将一个字节中的指定位置 1,其余位不变。

③ 逻辑异或指令(6 条)：

助记符格式	相应操作	指令说明	机器周期
XRL A, direct	A←A⊕(direct)	按位相与	1
XRL A, Rn	A←A⊕Rn	n＝0～7	1
XRL A, @Ri	A←A⊕(Ri)	i＝0,1	1
XRL A, ♯data	A←A⊕♯data		1
XRL direct, A	(direct)←(direct)⊕A	不影响 PSW 的 P 标志	1
XRL direct, ♯data	(direct)←(direct)⊕♯data	不影响 PSW 的 P 标志	2

注：a. 以上指令结果通常影响程序状态字寄存器 PSW 的 P 标志。

　　b. "异或"原则是相同为 0,不同为 1。

④ 累加器 A 清 0 和取反指令(2 条)：

助记符格式	相应操作	指令说明	机器周期
CLR A	(A)←00H	A 中内容清 0,影响 P 标志	1
CPL A	(A)←($\overline{A}$)	A 中内容按位取反,影响 P 标志	1

（2）循环移位指令 共 4 条：

助记符格式	相应操作	指令说明	机器周期
RL A	└─A7◄──A0◄─┘	循环左移	1
RLC A	└─CY──A7◄──A0◄─┘	带进位循环左移,影响 CY 标志	1
RR A	└─►A7─►─A0─┘	循环右移	1
RRC A	└─CY─►A7─►─A0─┘	带进位循环右移,影响 CY 标志	1

注:执行带进位的循环移位指令之前,必须给 CY 置位或清 0。

例 5.9 （A）＝E5H,分别指出执行指令 ANL A，♯0FH、ORL A，♯0FH 和 XRL A，♯0FH 的执行结果。

解:（A）＝E5H,执行指令 ANL A，♯0FH 之后,（A）＝05H,高 4 位被清 0,而低 4 位不变;执行指令 ORL A，♯0FH 之后,（A）＝EFH,高 4 位不变,而低 4 位被置 1;执行指令 XRL A，♯0FH 之后,（A）＝EAH,高 4 位不变,而低 4 位变反。

5. 控制转移类指令

控制转移类指令的本质是改变程序计数器 PC 的内容,从而改变程序的执行方向。控制转移指令分为无条件转移指令、条件转移指令和调用/返回指令 3 种。

（1）无条件转移指令 共 4 条。

① 长转移指令(1 条)：

助记符格式	相应操作	指令说明	机器周期
LJMP addr16	PC←addr16	程序跳转到地址为 addr16 开始的地方执行	2

注:a. 该指令结果不影响程序状态字寄存器 PSW。
  b. 该指令可以转移到 64 k 程序存储器中的任意位置。

② 绝对转移指令(1 条)：

助记符格式	相应操作	指令说明	机器周期
AJMP addr11	PC10～0←addr11	程序跳转到地址为 PC15～11 addr11 开始的地方执行,2k 内绝对转移	2

注:a. 该指令结果不影响程序状态字寄存器 PSW。
  b. 该指令转移范围是 2 kB。

例 5.10 指出指令 KWR： AJMP KWR1 的执行结果。

解:设 KWR 标号地址＝1030H，KWR1 标号地址＝1100H。该指令执行后,PC 首先加

2 变为 1032H,然后由 1032H 的高 5 位和 1100H 的低 11 位拼装成新的 PC 值＝0001000100000000B,即程序从 1100H 开始执行。

③ 相对转移指令(1 条):

助记符格式	相应操作	指令说明	机器周期
SJMP rel	PC←PC＋rel	－80H(－128)～7FH(127)短转移	2

注:a. 该指令结果不影响程序状态字寄存器 PSW。

b. 该指令的转移范围是以本指令的下一条指令为中心的－128～＋127 字节以内。

c. 在实际应用中,LJMP、AJMP 和 SJMP 后面的 addr16,addr11 或 rel 都是用标号来代替的,不一定写出它们的具体地址。

④ 间接寻址的无条件转移指令(1 条):

助记符格式	相应操作	指令说明	机器周期
JMP @A＋DPTR	PC←A＋DPTR	64 kB 内相对转移	2

注:a. 该指令结果不影响程序状态字寄存器 PSW。

b. 该指令通常用于散转(多分支)程序。

(2) 条件转移指令 共 8 条。

① 累加器 A 判 0 指令(2 条):

助记符格式	相应操作	机器周期
JZ rel	若 A＝0,则 PC←PC＋rel,否则顺序执行	2
JNZ rel	若 A≠0,则 PC←PC＋rel,否则顺序执行	2

注:a. 以上指令结果不影响程序状态字寄存器 PSW。

b. 转移范围与指令 SJMP 相同。

② 比较转移指令(4 条):

记符格式	相应操作	机器周期
CJNE A, ♯data, rel	若 A≠♯data,则 PC←PC＋rel,否则顺序执行;若 A＜♯data,则 CY＝1,否则 CY＝0	2
CJNE Rn, ♯data, rel	若 Rn≠♯data,则 PC←PC＋rel,否则顺序执行;若 Rn＜♯data,则 CY＝1,否则 CY＝0	2
CJNE @Ri, ♯data, rel	若 (Ri)≠♯data,则 PC←PC＋rel,否则顺序执行;若 (Ri)＜♯data,则 CY＝1,否则 CY＝0	2
CJNE A, direct, rel	若 A≠(direct),则 PC←PC＋rel,否则顺序执行;若 (A)＜(direct),则 CY＝1,否则 CY＝0	2

注:a. 以上指令结果影响程序状态字寄存器 PSW 的 CY 标志。

b. 转移范围与 SJMP 指令相同。

③ 减1非零转移指令(2条)：

助记符格式	相应操作	机器周期
DJNZ Rn, rel	Rn←Rn−1,若 Rn≠0,则 PC←PC+rel,否则顺序执行	2
DJNZ direct, rel	(direct)←(direct)−1,若(direct)≠0,则 PC←PC+rel,否则顺序执行	2

注：a. DJNZ指令通常用于循环程序中控制循环次数。

b. 转移范围与 SJMP 指令相同。

c. 以上指令结果不影响程序状态字寄存器 PSW。

(3) 调用和返回指令　共5条。

① 绝对调用指令(1条)：

助记符格式	相应操作	机器周期
ACALL　addr11	PC←PC+2 SP←SP+1, SP←PC0～7 SP←SP+1, SP←PC8～15 PC0～10←addr11	2

注：a. 该指令结果不影响程序状态字寄存器 PSW。

b. 调用范围与 AJMP 指令相同。

② 长调用指令(1条)：

助记符格式	相应操作	机器周期
LCALL　addr16	PC←PC+3 SP←SP+1, SP←PC0～7 SP←SP+1, SP←PC8～15 PC←addr16	2

注：a. 该指令结果不影响程序状态字寄存器 PSW。

b. 调用范围与 LJMP 指令相同。

③ 返回指令(2条)：

助记符格式	相应操作	指令说明	机器周期
RET	PC8～15←SP, SP←SP−1 PC0～7←SP, SP←SP−1	子程序返回	2
RETI	PC8～15←SP, SP←SP−1 PC0～7←SP, SP←SP−1	中断程序返回	2

注：该指令结果不影响程序状态字寄存器 PSW。

④ 空操作(1 条):

助记符格式	相应操作	指令说明	机器周期
NOP	空操作	消耗 1 个机器周期	1

注:该指令结果不影响程序状态字寄存器 PSW。

6. 位操作类指令

前面的指令全都是用字节来介绍的:字节的移动、加法、减法、逻辑运算、移位等。但工业中,有很多场合需要处理的是开关输出、继电器吸合等,这用字节来处理就比较麻烦,所以在 8051 单片机中特意引入一个位处理机制。在项目中"位"——位就是一个汽车转向灯的亮和灭。

位操作指令的操作数是位,其取值只能是 0 或 1,故又称为布尔变量操作指令。位操作指令的操作对象是片内 RAM 的位寻址区(即 20H~2FH)和特殊功能寄存器 SFR 中的 11 个可位寻址的寄存器。片内 RAM 的 20H~2FH 共 16 个单元 128 个位,每个位均定义一个名称,00H~7FH,称为位地址。对于特殊功能寄存器 SFR 中可位寻址的寄存器的每个位,也有名称定义。

位寻址有以下 3 种不同的写法:

① 直接地址写法,如 MOV C, 0D2H。其中,0D2H 表示 PSW 中的 OV 位地址;

② 点操作符写法,如 MOV C, 0D0H. 2。

③ 位名称写法,在指令格式中直接采用位定义名称,这种方式只适应于可以位寻址的SFR,如 MOV C, OV。

(1) 位传送指令 共 2 条:

助记符格式	相应操作	指令说明	机器周期
MOV C, bit	CY←(bit)	位传送指令,结果影响 CY 标志	2
MOV bit, C	(bit)←CY	位传送指令,结果不影响 PSW	2

注:位传送指令必须与进位位 C 进行,不能在其他两个位之间传送。进位位 C 也称为位累加器。

(2) 位置位和位清零指令 有 4 条:

助记符格式	相应操作	指令说明	机器周期
CLR C	CY←0	位清 0 指令,结果影响 CY 标志	1
CLR bit	(bit)←0	位清 0 指令,结果不影响 PSW	1
SETB C	CY←1	位置 1 指令,结果影响 CY 标志	1
SETB bit	(bit)←1	位置 1 指令,结果不影响 PSW	1

(3) 位运算指令 有 6 条:

助记符格式	相应操作	指令说明	机器周期
ANL C, bit	CY←CY∧(bit)	位与指令	2
ANL C, /bit	CY←CY∧$\overline{\text{(bit)}}$	位与指令	2
ORL C, bit	CY←CY∨(bit)	位或指令	2
ORL C, /bit	CY←CY∨$\overline{\text{(bit)}}$	位或指令	2
CPL C	CY←$\overline{\text{(CY)}}$	位取反指令	2
CPL bit	bit←$\overline{\text{(bit)}}$	位取反指令,结果不影响 CY	2

注:以上指令结果通常影响程序状态字寄存器 PSW 的 CY 标志。

（4）位转移指令　有 3 条:

助记符格式	相应操作	机器周期
JB bit, rel	若(bit=1),则 PC←PC+3+rel,否则顺序执行	2
JNB bit, rel	若(bit=0),则 PC←PC+3+rel,否则顺序执行	2
JBC bit,rel	若(bit=1),则 PC←PC++3+rel,并使(bit)←0,否则顺序执行	2

注:① JBC 与 JB 指令区别,前者转移后并把寻址位清 0,后者只转移不清 0 寻址位。
　② 以上指令结果不影响程序状态字寄存器 PSW。

（5）判 CY 标志指令　有 2 条:

助记符格式	相应操作	机器周期
JC　rel	若 CY=1,则 PC←PC+2+rel,否则顺序执行	2
JNC　rel	若 CY=0,则 PC←PC+2+rel,否则顺序执行	2

注:以上结果不影响程序状态字寄存器 PSW。

例 5.11　用位操作指令编程计算逻辑方程 $P1.7 = ACC.0 \times (B.0 + P2.1) + /P3.2$,其中"+"表示逻辑或,"×"表示逻辑与。

解: 程序段如下:

```
MOV      C,B.0          ;B.0→C
ORL      C,P2.1         ;C 或 P2.1→C
ANL      C,ACC.0        ;C 与 ACC.0→C,即 ACC.0×(B.0+P2.1) →C
ORL      C,/P3.2        ;C 或/P3.2,即 ACC.0×(B.0+P2.1)+/P3.2 →C
MOV      P1.7,C         ;C →P1.7
```

7. 常用伪指令

单片机汇编语言程序设计中,除了使用指令系统规定的指令外,还要用到一些伪指令。伪指令又称指示性指令,具有和指令类似的形式,但汇编时伪指令并不产生可执行的目标代码,只是对汇编过程进行某种控制或提供某些汇编信息。

(1) 定位伪指令 ORG 格式:[标号:] ORG 地址表达式

功能:规定程序块或数据块存放的起始位置。

例如,

ORG 1000H;表示指令 MOV A,♯20H 存放于 1000H 开始的单元。

(2) 定义字节数据伪指令 DB 格式:[标号:] DB 字节数据表

功能:字节数据表可以是多个字节数据、字符串或表达式,它表示将字节数据表中的数据从左到右依次存放在指定地址单元。

例如,

ORG 1000H
TAB:DB 2BH,0A0H,'A',2 * 4 ;表示从 1000H 单元开始的地方存放数据 2BH,0A0H,41H(字母 A 的 ASCII 码),08H。

(3) 定义字数据伪指令 DW 格式:[标号:] DW 字数据表

功能:与 DB 类似,但 DW 定义的数据项为字,包括两个字节,存放时高位在前、低位在后。

例如,

ORG 1000H
DATA:DW 324AH,3CH ;表示从 1000H 单元开始的地方存放数 32H,4AH,00H,3CH(3CH 以字的形式表示为 003CH)。

(4) 定义空间伪指令 DS 格式:[标号:] DS 表达式

功能:从指定的地址开始,保留多少个存储单元作为备用的空间。

例如,

ORG 1000H
BUF:DS 50
TAB:DB 22H ;表示从 1000H 开始的地方预留 50(1000H~1031H)个存储字节空间,22H 存放在 1032H 单元。

(5) 符号定义伪指令 EQU 或= 格式:符号名 EQU 表达式或符号名=表达式

功能:将表达式的值或某个特定汇编符号定义为一个指定的符号名,只能定义单字节数据,并且必须遵循先定义后使用的原则,因此该语句通常放在源程序的开头部分。

例如,

LEN＝10
SUM EQU 21H
…

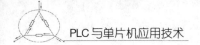

> MOV　A,♯LEN　;执行指令后,累加器 A 中的值为 0AH
> …

（6）数据赋值伪指令 DATA　格式:符号名　DATA　表达式

功能:将表达式的值或某个特定汇编符号定义一个指定的符号名,只能定义单字节数据,但可以先使用后定义,因此用它的定义数据可以放在程序末尾进行数据定义。

例如,

> …
>
> MOV A,♯LEN
>
> …
>
> LEN　DATA　10

尽管 LEN 的引用在定义之前,但汇编语言系统仍可以知道 A 的值是 0AH。

（7）数据地址赋值伪指令 XDATA　格式:符号名　XDATA　表达式

功能:将表达式的值或某个特定汇编符号定义一个指定的符号名,可以先使用后定义,并且用于双字节数据定义。

例如,

> DELAY　XDATA　0356H
>
> …
>
> LCALL　DELAY　　;执行指令后,程序转到 0356H 单元执行

（8）汇编结束伪指令 END　格式:[标号:]　END

功能:汇编语言源程序结束标志,用于整个汇编语言程序的末尾处。

8. 汇编子程序举例

例 5.12　试计算发动机燃油温度信号与油温的关系。

解:设电压与油温的表为[1 2 3 4]V　[22 30 38 54]℃。发动机的燃油温度通常是电压信号,通过上表可以在得到一个电压信号后,算出燃油温度。由于输入的字符之间很难找到规律,建立表格时将字符和其对应的处理程序的地址一同存入。查表时,先查找电压值,其后就是处理程序的入口地址。程序代码如下(假设待转换量放在 A 中,结果存放到 R2 中):

```
SRT:  MOV    DPTR,   ♯TAB
      MOV    B,      A
L0OP: CLR    A
MOVC A,@A+DPTR
INC    DPTR
CJNE   A,B,NEXT
CLR    A
```

```
MOVC      A,@A+DPTR
MOV       R2,A
NEXT:     INC          DPTR
          SJMP         L00P
TAB:      DB           1
DB        22
DB        2
DB        30
DB        3
DB        38
DB        4
DB        54
```

项目实施

1. 项目设备与电路

（1）项目设备　单片机仿真器、编程器和单片机应用系统。

（2）项目电路　如图5.8所示，采用两个 LED 发光二极管来模拟汽车左转向灯和右转

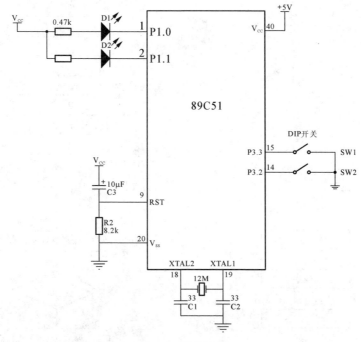

图5.8　控制电路

向灯,用单片机的 P1.0 和 P1.1 管脚控制发光二极管的亮、灭状态,单片机 P3.2,P3.3用来模拟汽车转向的控制开关。

2. 流程图

本项目主程序流程图,如图5.9所示。LED发光二极管闪烁流程图,如图5.10所示。延时子程序(约 0.1 s)流程图,如图5.11 所示。

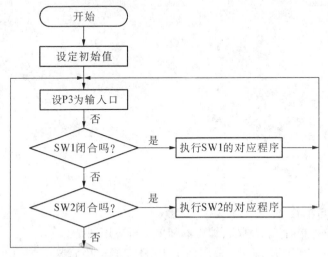

图 5.9　主程序流程图

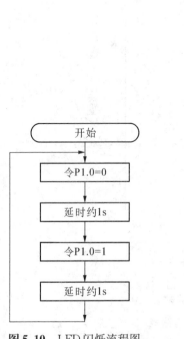

图 5.10　LED 闪烁流程图

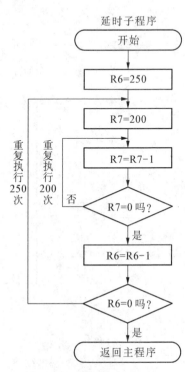

图 5.11　延时子程序流程图

3. 项目步骤及要求

（1）系统连接 将单片机开发系统、实验板及计算机连接起来。

（2）输入、编辑汇编语言源程序 利用 Keil C51 uVision2 集成开发环境输入下面程序。
注意,分号后面的文字为说明文字,输入时可以省略。保存文件时,程序名后缀应为 ASM,
如:LED1.ASM。

```
        ORG     0000H
MAIN:   MOV     P1,#0FFH        ;程序从地址 0000H 开始存放
        MOV     P3,#0FFH
TEST:   JNB     P3.2,CASE1      ;左传向灯的开关对应 P3.2
        JNB     P3.3,CASE2      ;右传向灯的开关对应 P3.3
        AJMP    TEST
CASE1:
        CLR     P1.0            ;左传向灯对应 P1.0
        LCALL   DELAY
        SETB    P1.0
        LCALL   DELAY
        AJMP    TEST
CASE2:
        CLR     P1.1            ;右传向灯对应 P1.1
        LCALL   DELAY
        SETB    P1.1
        LCALL   DELAY           ;延时
        AJMP    TEST
DELAY:  MOV     R5,#10
DL0:    MOV     R6,#250         ;延时子程序开始
DL1:    MOV     R7,#200
DL2:    DJNZ    R7,DL2
        DJNZ    R6,DL1
        DJNZ    R5,DL0
        RET                     ;子程序返回
        END                     ;汇编程序结束
```

（3）启动单片机开发系统调试软件 使用不同的单片机开发系统,调试软件也有所不
同。不同的调试软件,其功能大致相同。在调试软件中,完成以下操作:

① 以项目的形式打开(Open)上一步输入的汇编语言源程序文件。

② 编译汇编语言源程序文件,编译成功,生成 hex 文件,然后进入调试(Debug)模式。

③ 打开需要观察的调试窗口,选择在线仿真器进行硬件仿真。

(4) 运行程序　有以下两种:

① 运行(Run)程序,观察实验板上的发光二极管的亮灭状态。

② 单步运行(Step)程序,观察每一句指令运行后实验板上的发光二极管的亮灭状态。

4. 项目分析与总结

(1) 利用单片机开发系统运行、调试程序的步骤,一般包括输入源程序、汇编源程序、装载汇编后的十六进制程序及运行程序。

(2) 为了方便程序调试,单片机开发系统一般提供的程序运行方式是全速运行(Run)、单步运行(Step)、断点运行(Breakpoint)等。全速运行可以直接看到程序的最终运行结果,项目中程序的运行结果是实验板上的发光二极管闪动。单步运行可以使程序逐条指令地运行,每运行一步都可以看到运行结果,是调试程序中用得比较多的运行方式。断点运行是预先在程序中设置断点,当全速运行程序时,遇到断点即停止运行,用户可以观察运行结果,为调试程序提供了很大的方便。试将项目中的程序进行断点运行,观察其运行过程。

(3) 程序调试是一个反复的过程。一般来讲,单片机硬件电路和汇编程序很难一次设计成功。因此,必须通过反复调试,不断修改硬件和软件,直到运行结果完全符合要求为止。

5.2　项目 2　循环灯的单片机控制

项目任务要求

用户目标:设计制作一套用定时器与中断控制的循环灯控制装置。

用户要求:定时器作为单片机的控制核心,循环灯作为单片机的输出,通过单片机定时与中断控制改变输出状态。

项目分析

该项目任务属于典型的单片机定时与中断控制系统,选用 MCS-51 系列 AT89C51 单片机作为循环灯的控制核心。练习用中断服务程序编程,学习用定时中断做循环灯。

相关知识

5.2.1　定时/计数器

1. 定时/计数器的结构和工作原理

(1) 定时/计数器组成框图　MCS-51 单片机内部有两个 16 位的可编程定时/计数器,称为定时器 T0 和定时器 T1,可编程选作定时器用或作为计数器用。它们的工作方式、定时时间、计数值、启动、中断请求等,都可以由程序来设置和改变。

如图 5.12 所示,定时/计数器由定时器方式寄存器 TMOD、定时器控制寄存器 TCON、定时器 T0 和定时器 T1 组成。

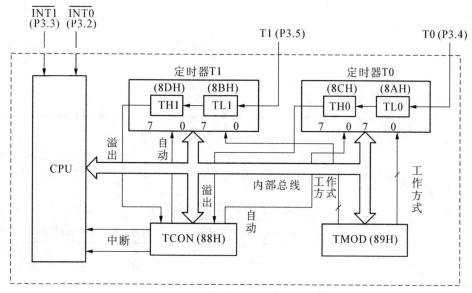

图 5.12　MCS‑51 单片机定时/计数器结构框图

TMOD 是定时/计数器的工作方式寄存器,由它确定定时/计数器的工作方式和功能;TCON 是定时/计数器的控制寄存器,用于控制 T0,T1 的启动与停止以及设置溢出标志。

T0,T1 是 16 位加法计数器,T0 由 TH0 和 TL0 构成,T1 由 TH1 和 TL1 构成。T0 或 T1 用作计数器时,对芯片引脚 T0(P3.4)或 T1(P3.5)上输入的脉冲计数,每输入一个脉冲,加法计数器加 1;其用作定时器时,对内部机器周期脉冲计数,故计数值一定时,时间也随之确定。

(2) 定时/计数器工作原理　当定时/计数器设置为定时工作方式时,计数器对内部机器周期计数,每过一个机器周期,计数器增 1,直至计满溢出。定时器的定时时间与系统的振荡频率紧密相关,因 MCS‑51 单片机的一个机器周期由 12 个振荡脉冲组成,所以,计数频率 $f_c = \dfrac{1}{12} f_{osc}$。如果单片机系统采用 12 MHz 晶振,则计数周期为 $T = \dfrac{1}{12 \times 10^6 \times 1/12} = 1\,\mu s$。

当定时/计数器设置为计数工作方式时,计数器对来自输入引脚 T0(P3.4) 和 T1(P3.5) 的外部信号计数,外部脉冲的下降沿将触发计数。

2. 定时/计数器的控制

MCS‑51 单片机定时/计数器是可编程器件,CPU 必须将一些命令控制字写入定时/计数器中,这个过程称为定时/计数器的初始化。

(1) 方式寄存器 TMOD　TMOD 是一个专用寄存器,用于控制 T1 和 T0 的工作方式,其各位的定义如下：

TMOD	D7	D6	D5	D4	D3	D2	D1	D0
	GATE	C/$\overline{T}$	M1	M0	GATE	C/$\overline{T}$	M1	M0
(89H)								

| | ← 定时器1 → | | | | ← 定时器0 → | | | |

① 方式选择位 M1 和 M0。定义如下：

M1	M0	工作方式	功能说明
0	0	方式 0	13 位定时/计数器
0	1	方式 1	16 位定时/计数器
1	0	方式 2	8 位自动重装定时/计数器
1	1	方式 3	定时器 0 分成两个独立的 8 位定时/计数器;定时器 1 在此方式停止计数

② 功能选择位 C/$\overline{T}$。C/$\overline{T}$＝0 时,设置为定时器工作模式;C/$\overline{T}$＝1 时,设置为计数器工作模式。

③ 门控位 GATE。当 GATE＝0 时,定时器的启停只由软件控制位 TR0 或 TR1 来控制,为 1 启动定时器工作,为 0 停止定时器工作;当 GATE＝1 时,软件控制位 TR0 或 TR1 须置 1,同时还须$\overline{INT0}$(P3.2)或$\overline{INT1}$(P3.3)为高电平才能启动定时器,即允许外中断$\overline{INT0}$,$\overline{INT1}$启动定时器。

TMOD 只能用字节指令设置定时器工作方式,不能位寻址,低 4 位定义 T0,高 4 位定义 T1。系统复位时,TMOD 所有位均置 0。

例如,要求设置定时器 0 为定时器工作模式,由软件启动,选择工作方式 1;定时器 1 为计数器工作模式,由软件启动,选择工作方式 2。则 TMOD 各位设置为

0 1 1 0 0 0 0 1 　　　　　61H

用 MOV　TMOD,♯61H 指令写入 TMOD 中。

(2) 控制寄存器 TCON　TCON 用来控制定时器的启动、停止和定时器的溢出标志位、外部中断请求位和触发方式。定时器控制字 TCON 的格式为

TCON	8FH	8EH	8DH	8CH	8BH	8AH	89H	88H
88H	TF1	TR1	TF0	TR0	IE1	IT1	IE0	IT0

各位含义如下：

① TCON.7——TF1:定时器 1 溢出标志位。当定时器 1 计数满产生溢出时,由硬件自动置"1"。在中断允许时可申请中断,进入中断服务程序后,由硬件自动清"0"。该位也可以

作为程序查询的标志位,在查询方式下应由软件来清"0"。

② TCON.6——TR1:定时器 1 启动控制位。由软件置 1 或清 0 来启动或关闭定时器 1。当 GATE=1,且 $\overline{INT1}$ 为高电平时,TR1 置 1 启动定时器 1;当 GATE=0 时,TR1 置 1 即可启动定时器 1。

③ TCON.5——TF0:定时器 0 溢出标志位。其功能及操作情况同 TF1。

④ TCON.4——TR0:定时器 0 启动控制位。其功能及操作情况同 TR1。

⑤ TCON.3——IE1:外部中断 1($\overline{INT1}$)的中断请求标志位。

⑥ TCON.2——IT1:外部中断 1 触发方式选择位。

⑦ TCON.1——IE0:外部中断 0($\overline{INT0}$)的中断请求标志位。

⑧ TCON.0——IT0:外部中断 0 触发方式选择位。

TCON 中的低 4 位用于控制外部中断,与定时/计数器无关。当系统复位时,TCON 的所有位均清 0。TCON 的字节地址为 88H,可以位寻址。

(3) 定时/计数器的初始化编程　由于定时/计数器的功能是由软件编程确定的,所以,一般在使用前都要对其进行初始化。初始化步骤如下:

① 确定工作模式、工作方式、启动控制位:对 TMOD 赋值。

② 预置定时或计数的初值:直接将初值写入 TH0,TL0 或 TH1,TL1 中。

定时/计数器的初值因工作方式的不同而不同。若设最大计数值为 M,则各种工作方式下的 M 值如下:

方式 0:$M = 2^{13} = 8\ 192$。

方式 1:$M = 2^{16} = 65\ 536$。

方式 2:$M = 2^8 = 256$。

方式 3:定时器 0 分成两个独立的 8 位计数器,所以两个定时器的 M 值均为 256。

③ 根据需要开启定时/计数器中断:直接对 IE 寄存器赋值。

④ 启动定时/计数器工作:将 TR0 或 TR1 置 1。

GATE=0 时,直接由软件置位启动,其指令为 SETB　TR1;GATE=1 时,除软件置位外,还必须在外中断引脚处加上相应的电平值才能启动。

3. 定时/计数器的工作方式

定时/计数器有 4 种工作方式,可通过 TMOD 寄存器中 M1,M0 位进行选择。

(1) 方式 0　当 TMOD 的 M1M0 为 00 时,定时/计数器工作于方式 0,为 13 位的定时/计数器。图 5.13 所示是定时器 1 在方式 0 时的逻辑电路结构,定时器 0 的结构和操作与定时器 1 完全相同。

方式 0 中,16 位加法计数器(TH1 和 TL1)只用了 13 位。其中,TH1 占高 8 位,TL1 占低 5 位(只用低 5 位,高 3 位未用)。当 TL1 低 5 位溢出时自动向 TH1 进位,而 TH1 溢出时向中断位 TF1 进位(硬件自动置位),并申请中断。

当 $C/\overline{T}=0$ 时,控制开关连接 12 分频器输出,T1 对机器周期计数,此时,T1 为定时器。设定时器 1 初值为 X,其定时时间为

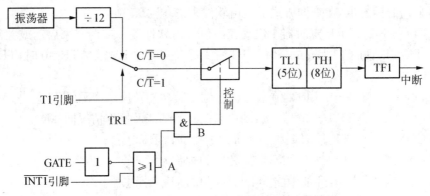

图5.13 T1(或 T0)方式 0 时的逻辑电路结构图

$(2^{13}-X)\times$时钟周期$\times12=(8\,192-X)\times$时钟周期$\times12$。

当 $C/\overline{T}=1$ 时,控制开关与 T1(P3.5)相连,外部计数脉冲由 T1 脚输入。当外部信号电平发生由 0 到 1 的跳变时,计数器加 1,这时 T1 成为外部事件的计数器。

定时器的启动过程:

当 GATE=0 时,反相为 1,使或门输出为 1,与门输出是否为 1(即定时器 1 的启动)直接由 TR1 控制。TR1=1,接通控制开关,定时器 1 从初值开始计数直至溢出。16 位加法计数器为 0 时溢出,TF1 置位,并申请中断。如要循环计数,则定时器 T1 需重置初值,且需用软件将 TF1 复位。当 TR1=0,断开控制开关,停止计数。

当 GATE=1 时,若 TR1=1,外部信号电平通过 $\overline{INT1}$ 引脚直接开启或关断定时器 T1。当 $\overline{INT1}$ 为高电平时,允许计数,否则停止计数。若 TR1=0,断开控制开关,停止计数。

例5.13 设 f=12 MHz,用定时器 0 方式 0 实现 1 s 的延时。

解: 因方式 0 采用 13 位计数器,其最大定时时间为 $8\,192\times1\,\mu s=8.192$ ms,因此定时时间不可能选择 50 ms,可选择定时时间为 5 ms,再循环 200 次。定时时间选定后,再确定计数值为 5 000,则定时器 0 的初值为

$$X = M - \text{计数值} = 8\,192 - 5\,000 = 3\,192 = C78H = 0110001111000B。$$

因 13 位计数器中 TL1 的高 3 位未用,应填写 0,TH0 占高 8 位,所以,X 的实际填写值应为 X=0110001100011000B=6318H。

即 TH0=63H,TL0=18H,又因采用方式 0 定时,故 TMOD=00H。

可编得 1 s 延时子程序如下:

```
DELAY：   MOV      R3,#200        ;置 5 ms 计数循环初值
          MOV      TMOD,#00H      ;设定时器 0 为方式 0
          MOV      TH0,#63H       ;置定时器初值
          MOV      TL0,#18H
          SETB     TR0            ;启动 T0
```

LP1:	JBC	TF0,LP2	;查询计数溢出
	SJMP	LP1	;未到 5 ms 继续计数
LP2:	MOV	TH0,#63H	;重新置定时器初值
	MOV	TL0,#18H	
	DJNZ	R3,LP1	;未到 1 s 继续循环
	RET		;返回主程序

（2）方式 1　当 TMOD 的 M1M0 为 01 时,定时器工作于方式 1,其逻辑结构图如图5.14 所示。

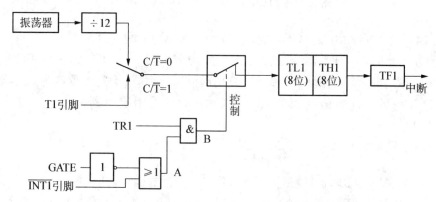

图 5.14　T1(或 T0)方式 1 时的逻辑结构图

方式 1 构成一个 16 位定时/计数器,其结构与操作几乎完全与方式 0 相同,区别是两者计数位数不同。设定时器 1 初值为 X,作定时器用时其定时时间为

$$(2^{16}-X)\times 时钟周期\times 12=(65\,536-X)\times 时钟周期\times 12。$$

（3）方式 2　当 TMOD 的 M1M0 为 10 时,定时/计数器工作于方式 2,其逻辑结构图如图 5.15 所示。

方式 2 中,16 位加法计数器的 TH1 和 TL1 具有不同功能。其中,TL1 是 8 位计数器,TH1 是重置初值的 8 位缓冲器。

方式 0 和方式 1 用于循环计数在每次计满溢出后,计数器全部为 0,第二次计数还须重置计数初值。这导致编程麻烦,而且影响定时精度。方式 2 具有计数初值自动装入功能,适合用作较精确的定时脉冲信号发生器。设定时器 1 初值为 X,其定时时间为

$$(2^{8}-X)\times 时钟周期\times 12=(256-X)\times 时钟周期\times 12。$$

方式 2 中,16 位加法计数器被分割为两个,TL1 用作 8 位计数器,TH1 用以保持初值。在程序初始化时,TL1 和 TH1 由软件赋予相同的初值。一旦 TL1 计数溢出,TF1 将被置位,同时 TH1 中的初值装入 TL1,从而进入下一次计数,重复循环不止。

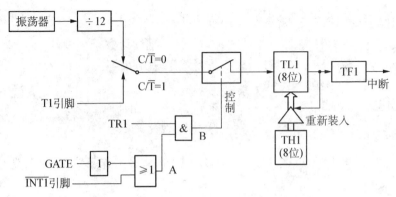

图 5.15 T1(或 T0)方式 2 时的逻辑结构图

例 5.14 设 $f = 12 \, \text{MHz}$，试用定时器 0 方式 2 实现 1 s 的延时。

解：因方式 2 是 8 位计数器，其最大定时时间为 $256 \times 1 \, \mu\text{s} = 256 \, \mu\text{s}$，为实现 1 s 延时，可选择定时时间为 250 μs，再循环 4 000 次。定时时间选定后，可确定计数值为 250，则定时器 1 的初值为 X = M − 计数值 = 256 − 250 = 6 = 06H。采用定时器 0 方式 2 工作，因此，TMOD = 02H。

1 s 延时子程序如下：

```
DELAY:  MOV    R5,#28H        ;置 25 ms 计数循环初值
        MOV    R6,#64H        ;置 250 μs 计数循环初值
        MOV    TMOD,#02H      ;置定时器 0 为方式 2
        MOV    TH0,#06H       ;置定时器初值
        MOV    TL0,#06H
        SETB   TR0            ;启动定时器
LP1:    JBC    TF0,LP2        ;查询计数溢出
        SJMP   LP1            ;无溢出则继续计数
LP2:    DJNZ   R6,LP1         ;未到 25 ms 继续循环
        MOV    R6,#64H
        DJNZ   R5,LP1         ;未到 1 s 继续循环
        RET
```

（4）方式 3　方式 3 只适应于定时/计数器 T0，当 TMOD 的 M1M0 为 11 时，定时/计数器工作于方式 3 时，其逻辑结构图如图 5.16 所示。

方式 3 中，定时器 T0 分解成两个独立的 8 位计数器 TL0 和 TH0。其中，TL0 使用原来 T0 的控制位、引脚和中断源，如 C/$\overline{\text{T}}$，GATE，TR0，TF0，T0（P3.4）引脚和 $\overline{\text{INT0}}$（P3.2）引脚。除计数位数与方式 0、方式 1 不同外，其他功能、操作与方式 0、方式 1 完全相同，既能定时亦能计数。而 TH0 固定为定时方式（不能进行外部计数），并且借用原来 T1 的

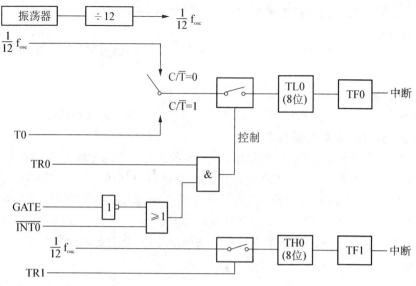

图 5.16 T0 方式 3 时的逻辑结构

控制位 TR1 和 TF1,同时还占用了 T1 的中断源,其启动和关闭仅受 TR1 置 1 或清 0 控制,TH0 的溢出将置位 TF1。

两者的定时时间分别为

$$TL0:(M-TL0\ 初值)\times 时钟周期\times 12=(256-TL0\ 初值)\times 时钟周期\times 12,$$
$$TH0:(M-TH0\ 初值)\times 时钟周期\times 12=(256-TH0\ 初值)\times 时钟周期\times 12。$$

方式 3 时,定时器 1 仍可设置为方式 0、方式 1 或方式 2。但由于 TR1,TF1 及 T1 的中断源已被定时器 T0 占用,此时,定时器 T1 仅由控制位 C/T̄ 切换其定时或计数功能,当计数器计满溢出时,只能将输出送往串行口。在这种情况下,T1 一般用作串行口波特率发生器或不需要中断的场合,且工作于方式 2,这时将 T0 设置成方式 3。

5.2.2 中断系统

计算机具有实时处理能力,能对外界发生的事件进行及时处理,这是依靠它们的中断系统来实现的。

1. 中断的概念

以 MCS - 51 的中断系统为例,当 CPU 正在按顺序处理某件事情(执行程序)的时候,如果这时外界突然发生紧急事件,且请求 CPU 暂时停止当前正在执行的程序而马上处理紧急事件(即执行中断服务程序),待中断服务程序执行完后,再回到原来的程序继续执行,这种暂时停止原来执行程序的过程就称为中断。

原来正常运行的程序,称为主程序。主程序被断开的位置或地址,称为断点。引起CPU 中断的根源,或能发出中断申请的来源,称为中断源。中断源向 CPU 提出的处理要求,称为中断请求或中断申请。中断之后所执行的相应的处理程序,称为中断服务或中断处理子程序。处理完毕后,再回到原来被中断的位置称为中断返回。

2. 中断的特点

(1) 分时操作　CPU可以分时为多个外设服务,大大地提高了CPU的效率。

(2) 实时响应　CPU能随时响应外界变量根据要求向CPU发出的中断申请,并进行相应处理,从而实现实时处理。

(3) 稳定性高　CPU能通过相应的故障处理程序,处理难以预料的突发事件或故障。

3. MCS‐51中断系统的结构框图

MCS‐51中断系统的结构框图,如图5.17所示。有4个与中断有关的寄存器,分别为中断源寄存器TCON和SCON、中断允许控制寄存器IE和中断优先级控制寄存器IP。有中断源5个,分别为外部中断请求$\overline{INT0}$、外部中断1请求$\overline{INT1}$、定时器T0溢出中断请求TF0、定时器T1溢出中断请求TF1和串行中断请求RI或TI。5个中断源的排列顺序由中断优先级控制寄存器IP和顺序查询逻辑电路共同决定,5个中断源分别对应5个固定的中断入口地址。

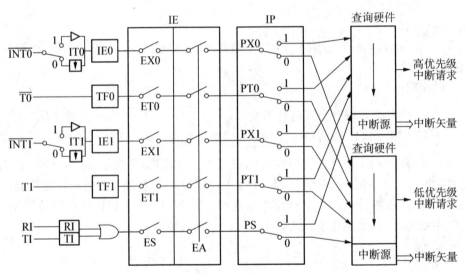

图5.17　MCS‐51中断系统内部结构示意图

5.2.3　中断源和中断标志

1. 中断源

MCS‐51有如下5个中断源。

(1) $\overline{INT0}$(P3.2)　外部中断0请求信号输入脚。由IT0脚(TCON.0)决定是低电平有效还是下降沿有效。当CPU检测到有效的中断信号时,则向CPU申请中断,并使IE0(TCON.1)标志置1。

(2) $\overline{INT1}$(P3.3)　外部中断1请求信号输入脚。通过IT1脚(TCON.2)决定是低电平

有效还是下降沿有效。当 CPU 检测到有效的中断信号时,则向 CPU 申请中断,并使 IE0 (TCON.1)标志置 1。

(3) TF0(TCON.5)　定时/计数器 T0 溢出中断请求标志。当定时/计数器 T0 产生溢出时,中断请求标志位 TF0 置位(由硬件自动执行),并向 CPU 申请中断。

(4) TF1(TCON.7)　定时/计数器 T1 溢出中断请求标志。当定时/计数器 T1 产生溢出时,中断请求标志位 TF1 置位(由硬件自动执行),并向 CPU 申请中断。

(5) RI(SCON.0)或 TI(SCON.1)　串行中断请求标志。当串行接口接收或发送完一帧串行数据时,中断请求标志位 RI 或 TI 置位(由硬件自动执行),并向 CPU 申请中断。

2. 中断标志

(1) TCON 寄存器中的中断标志　TCON 为定时/计数器 T0 和 T1 的控制寄存器,同时也锁存 T0 和 T1 的溢出中断标志及外部中断$\overline{\text{INT0}}$和$\overline{\text{INT1}}$的中断标志等。与中断有关的各位定义如下:

TCON	D7	D6	D5	D4	D3	D2	D1	D0
(88H)	TF1	TR1	TF0	TR0	IE1	IT1	IE0	IT0

① TCON.7——TF1:T1 的溢出中断标志位。T1 被启动计数后从初值做加 1 计数,计满溢出后由硬件置位 TF1,同时向 CPU 发出中断请求,此标志一直保持到 CPU 响应中断后才由硬件自动清 0。

② TCON.5——TF0:T0 溢出中断标志位。其操作功能与 TF1 相同。

③ TCON.3——IE1:外部中断$\overline{\text{INT1}}$中断请求标志位。IE1=1 时,外部中断 1 向 CPU 申请中断。

④ TCON.2——IT1:外部中断$\overline{\text{INT1}}$中断触发方式控制位。

当 IT1=0,外部中断 1 控制为电平触发方式。在这种方式下,CPU 在每个机器周期的 S5P2 期间对$\overline{\text{INT1}}$(P3.3)引脚采样。若为低电平,则置位 IE1 标志位;若为高电平,则认为无中断申请,或中断申请已撤除,则 IE1 复位标志位。在电平触发方式中,CPU 响应中断后,不能由硬件自动清除 IE1 标志,也不能由软件清除 IE1 标志。所以,在中断返回之前必须撤销$\overline{\text{INT1}}$引脚上的低电平,否则将再次中断导致出错。

当 IT1=1,外部中断 1 控制为边沿触发方式。CPU 响应中断时,由硬件自动清除 IE1 标志。

⑤ TCON.1——IE0:外部中断$\overline{\text{INT0}}$中断标志位。其操作功能与 IE1 相同。

⑥ TCON.0——IT0:$\overline{\text{INT0}}$中断触发方式控制位。其操作功能与 IT1 相同。

(2) SCON 寄存器中的中断标志　SCON 是串行口控制寄存器,其低两位 TI 和 RI 是锁存串行口的接收中断标志和发送中断标志。各位定义如下:

SCON	D7	D6	D5	D4	D3	D2	D1	D0
(98H)							TI	RI

① SCON.1——TI:串行接口发送中断标志位。CPU 将数据写入发送缓冲器 SBUF 时,就启动发送,每发送完一个串行帧,硬件置位 TI。CPU 响应中断时,不能自动清除 TI,必须由软件清除。

② SCON.0——RI:串行接口接收中断标志位。在串行口允许接收时,每接收完一个串行帧,硬件置位 RI。CPU 在响应中断时,不能自动清除 RI,必须由软件清除。

(3) IE 寄存器中断的开放和屏蔽标志 MCS-51 系列单片机的 5 个中断源都是可屏蔽中断,其中断系统内部设有一个专用寄存器 IE 用来对各中断源进行开放或屏蔽的控制。IE 寄存器各位定义如下:

IE	D7	D6	D5	D4	D3	D2	D1	D0
(A8H)	EA	/	/	ES	ET1	EX1	ET0	EX0
位地址	AFH	AEH	ADH	ACH	ABH	AAH	A9H	A8H

① IE.7——EA:中断总允许控制位。EA=1,开放所有中断,而每个中断源的开放和屏蔽可通过相应的中断允许位单独加以控制;EA=0,禁止所有中断。

② IE.4——ES:串行口中断允许位。ES=1,允许串行口的接收和发送中断;ES=0 禁止串行口的接收和发送中断。

③ IE.3——ET1:定时/计数器 T1 中断允许位。ET1=1,允许 T1 中断;ET1=0,禁止 T1 中断。

④ IE.2——EX1:外部中断 1($\overline{INT1}$)中断允许位。EX1=1,允许外部中断 1 中断;EX1=0,禁止外部中断 1 中断。

⑤ IE.1——ET0:定时/计数器 T0 中断允许位。ET0=1,允许 T0 中断;ET0=0,禁止 T0 中断。

⑥ IE.0——EX0:外部中断 0($\overline{INT0}$)中断允许位。EX0=1,允许外部中断 0 中断;EX0=0,禁止外部中断 0 中断。

(4) IE 寄存器中断优先级标志 MCS-51 单片机有两个中断优先级,每个中断源的中断优先级都是由中断优先级寄存器 IP 中的相应位的状态来规定的。其各位定义如下:

IP	D7	D6	D5	D4	D3	D2	D1	D0
(B8H)	—	—	PT2	PS	PT1	PX1	PT0	PX0
位地址	BF	BE	BD	BC	BB	BA	B9	B8

① IP.5——PT2:定时器 T2 中断优先控制位(仅适应于 52 子系列单片机)。PT2=1,设定定时器 T2 中断为高优先级中断;相反为低优先级中断。

② IP.4——PS:串行口中断优先控制位。PS=1,设定串行口为高优先级中断;相反为低优先级中断。

③ IP.3——PT1:定时器 T1 中断优先控制位。PT1=1,设定定时器 T1 中断为高优先

级中断;相反为低优先级中断。

④ IP.2——PX1:外部中断 1 中断优先控制位。PX1＝1,设定外部中断 1 为高优先级中断;相反为低优先级中断。

⑤ IP.1 ——PT0:定时器 T0 中断优先控制位。PT0＝1,设定定时器 T0 中断为高优先级中断;相反为低优先级中断。

⑥ IP.0——PX0:外部中断 0 中断优先控制位。PX0＝1,设定外部中断 0 为高优先级中断;相反为低优先级中断。

当系统复位后,IP 低 5 位全部清 0,所有中断源均设定为低优先级中断。

MCS－51 单片机有 5 个中断源,但只有两个优先级,必然会有几个中断请求源处于同样的优先级。当 CPU 同时收到几个同优先级中断请求时,MCS－51 单片机内部采用一个硬件查询逻辑电路的查询顺序,判别这些同级中断源的优先级。其自然优先级由硬件形成,排列如下:

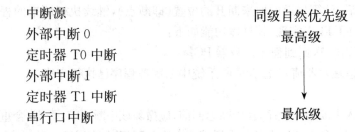

中断源　　　　　　　　　　　同级自然优先级
外部中断 0　　　　　　　　　最高级
定时器 T0 中断
外部中断 1
定时器 T1 中断
串行口中断　　　　　　　　　最低级

5.2.4　中断处理过程

1. 中断处理过程

中断处理过程可分为中断响应、中断处理和中断返回 3 个阶段。不同的计算机因其中断系统的硬件结构不同,中断响应的方式也有所不同。在此以 MCS－51 单片机为例进行说明。

(1)中断响应条件　CPU 响应中断的条件有:

① 有中断源发出中断请求。

② 中断总允许位 EA＝1。

③ 申请中断的中断源允许。

满足以上基本条件,CPU 一般会响应中断,但若有下列任何一种情况存在,则中断响应会受到阻断:

① 同级或高优先级的中断正在响应。

② 当前指令未执行完。

③ 正在执行 RETI 中断返回指令或访问专用寄存器 IE 和 IP 的指令。

若存在上述任何一种情况,中断查询结果即被取消,CPU 不响应中断请求而在下一机器周期继续查询,否则 CPU 在下一机器周期响应中断。

(2)中断响应过程　CPU 响应中断的过程如下:

① 先置位相应的优先级状态触发器(该触发器指出 CPU 当前处理的中断优先级别)，以阻断同级或低级中断申请；

② 自动清除相应的中断标志(T1 或 RI 除外)；

③ 自动保护断点，将现行程序计数器 PC 内容压入堆栈，并根据中断源把相应的矢量单元地址装入 PC 中。

(3) 中断处理　中断处理就是执行中断服务程序。中断服务程序从中断入口地址开始执行，到返回指令 RETI 为止，一般包括两部分内容，一是保护现场，二是完成中断源请求的服务。

通常，主程序和中断服务程序都会用到累加器 A、状态寄存器 PSW 及其他一些寄存器。当 CPU 进入中断服务程序用到上述寄存器时，会破坏原来存储在寄存器中的内容，一旦中断返回，将会导致主程序的混乱。因此，在进入中断服务程序后，一般要先保护现场，然后，执行中断处理程序，在中断返回之前再恢复现场。

2. 中断返回

中断返回是指中断服务完后，计算机返回原来断开的位置(即断点)，继续执行原来的程序。中断返回由中断返回指令 RETI 来实现，其具体功能如下：

(1) 将断点地址从堆栈中弹出，送回到程序计数器 PC；

(2) 将相应中断优先级状态触发器清 0，告诉中断系统中断服务程序已执行完毕。

3. 中断标志的清除

CPU 响应中断请求后即进入中断服务程序，在中断返回前，应撤除该中断请求，否则，会重复引起中断而导致错误。MCS-51 各中断源中断请求撤销的方法各不相同，有以下几种。

(1) 串行口中断请求的撤销　串行口的中断，CPU 在响应中断后，硬件不能自动清除中断请求标志位 TI，RI，必须在中断服务程序中用软件来清除相应的中断标志位，以撤销中断请求。

(2) 定时器中断请求的撤销　定时器 0 或 1 的溢出中断，CPU 在响应中断后即由硬件自动清除中断标志位 TF0 或 TF1，不必采取其他措施。

(3) 外部中断请求的撤销　外部中断可分为边沿触发型和电平触发型。在下降沿触发方式下，CPU 响应中断后，也是由硬件自动将 IE0 或 IE1 标志位清除，不必采取其他措施。

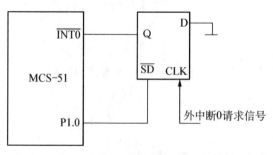

图 5.18　撤除外部中断请求的电路

对于电平触发的外部中断，CPU 在响应中断后，硬件不会自动清除其中断请求标志位 IE0 或 IE1，同时，也不能用软件将其清除。所以，在 CPU 响应中断后，应立即撤除 $\overline{INT0}$ 或 $\overline{INT1}$ 引脚上的低电平。否则，就会引起重复中断而导致错误。而 CPU 又不能控制 $\overline{INT0}$ 或 $\overline{INT1}$ 引脚的信号，因此，只有通过硬件再配合相应软件才能解决这个问题，如图 5.18 所示。

外部中断请求信号加在 D 触发器的 CLK 端。由于 D 端接地，当外部中断请求的正脉冲信号出现在 CLK 端时，Q 端输出为 0，$\overline{INT0}$ 或 $\overline{INT1}$ 为低，外部中断向单片机发出中断请

求。利用 P1 口的 P1.0 作为应答线,当 CPU 响应中断后,可在中断服务程序中采用两条指令来撤销外部中断请求:

```
ANL    P1,♯0FEH
ORL    P1,♯01H
```

第一条指令使 P1.0 为 0,因 P1.0 与 D 触发器的异步置 1 端 SD 相连,Q 端输出为 1,从而撤销中断请求。第二条指令是必不可少的,使 P1.0 变为 1,$\overline{Q}=1$,Q 继续受 CLK 控制,即新的外部中断请求信号又能向单片机申请中断。否则,将无法再次形成新的外部中断。

5.2.5　外部中断源的扩展

在实际应用中,若外部中断源超过两个,则需扩充外部中断源,这里介绍两种简单可行的方法。

1. 用定时器作外部中断源

MCS-51 单片机有两个定时器,具有两个内部中断标志和外计数引脚,如在某些应用中不被使用,则它们的中断可作为外部中断请求使用。

例 5.15　将定时器 T1 扩展为外部中断源。

解:将 T1 设定为方式 2(自动恢复计数初值),TH1 和 TF1 的初值均设置为 FFH,允许 T1 中断,CPU 开放中断,程序如下:

```
MOV    TMOD,♯60H
MOV    TH1,♯0FFH
MOV    TL1,♯0FFH
SETB   TR1
SETB   ET1
SETB   EA
...
```

当连接在 T1(P3.5)引脚的外部中断请求输入线发生负跳变时,TL1 加 1 溢出使 TF1 置 1,向 CPU 发出中断申请;TH1 的内容同时自动送至 TL1,使 TL1 恢复初值。这样 T1 引脚每输入一个负跳变,TF1 都会置 1,向 CPU 请求中断。T0 脚相当于边沿触发的外部中断源输入线,也可将 T0 扩展为外部中断源。

2. 中断和查询相结合

利用两根外部中断输入线($\overline{INT0}$和$\overline{INT1}$脚),每一中断输入线可以通过线或的关系连接多个外部中断源,同时利用并行输入端口线作为多个中断源的识别线,电路原理图如图 5.19 所示。

4 个外部扩展中断源通过 4 个 OC 门电路组成线或后,再与$\overline{INT1}$(P3.3)相连,4 个外部扩展中断源 EINT0～EINT3 中有一个或几个出现高电平则输出为 0,使$\overline{INT1}$脚为低电平,

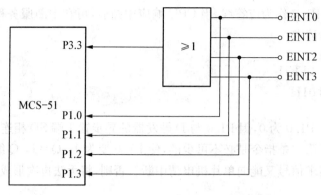

图 5. 19 一个外中断扩展成多个外中断的原理图

从而发出中断请求。因此,这些扩展的外部中断源都是高电平触发方式。CPU 执行中断服务程序时,先依次查询 P1 口的中断源输入状态转入到相应的中断服务程序,4 个扩展中断源的优先级顺序由软件查询顺序决定。即最先查询的优先级最高,最后查询的优先级最低。

中断服务程序如下:

	ORG	0013H	;外部中断 1 入口
	AJMP	INT1	;转向中断服务程序入口
	…		
INT1:	PUSH	PSW	;保护现场
	PUSH	ACC	
	JNB	P1.0,EIT0	;中断源查询并转相应中断服务程序
	JNB	P1.1,EIT1	
	JNB	P1.2,EIT2	
	JNB	P1.3,EIT3	
EXIT:	POP	ACC	;恢复现场
	POP	PSW	
	RETI		
	…		
EIT0:	…		;EINT0 中断服务程序
	AJMP	EXIT	
EIT1:	…		;EINT1 中断服务程序
	AJMP	EXIT	
EIT2:	…		;EINT2 中断服务程序
	AJMP	EXIT	
EIT3:	…		;EINT3 中断服务程序
	AJMP	EXIT	

5.2.6 中断系统应用举例

中断控制实质上是对 4 个与中断有关的特殊功能寄存器 TCON，SCON，IE 和 IP 进行管理和控制。

(1) CPU 的开中断与关中断。

(2) 某个中断源中断请求的允许和屏蔽。

(3) 各中断源优先级别的设定。

(4) 外部中断请求触发方式的设定。

中断管理和控制程序一般都包含在主程序中，根据需要通过几条指令来完成。中断服务程序是一种具有特定功能的独立程序段，可根据中断源的具体要求进行服务。

1. 定时/计数器中断应用举例

例 5.16 如图 5.20 所示，用 T0 监视一汽车配件生产流水线，每生产 100 个工件，发出一包装命令，包装成一箱，并记录其箱数。图中 D1 为红外发光二极管，D2 为红外光敏二极管，当 D2 接收到 D1 发出的红外光照射时导通，T0 输入端产生一个负脉冲作为计数脉冲。

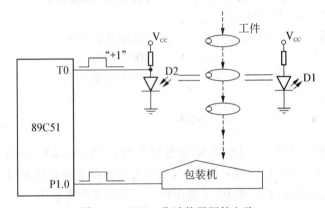

图 5.20 用 T0 作计数器硬件电路

解：根据题意，用 T0 作计数器，每计数 100 次 T0 计数器溢出，由 P1.0 控制包装机打包。定时/计数器 T0 的 4 种工作方式均可满足计数要求，而方式 2 具有自动重装功能，因此本题选用定时方式 2。

定时/计数器工作方式控制字 TMOD＝06H（T0 方式 2 且为计数方式）。计数初值＝$2^8-100=9CH$，若用 31H，30H 单元保存箱数计数值，打包控制信号（正脉冲）由 P1.0 输出，程序为：

ORG	0000H	
LJMP	MAIN	
ORG	000BH	;T0 中断入口地址
LJMP	DD1	

```
              ORG       0030H
MAIN:         MOV       P1,#00H           ;P1.0 无信号输出
              MOV       30H,#00H          ;
              MOV       31H,#00H          ;箱数计数器清"0"
              MOV       TMOD,#06H         ;置 T0 工作方式
              MOV       TH0,#9CH
              MOV       TL0,#9CH          ;计数初值送计数器
              MOV       IE,#82H           ;T0 允许中断
              SETB      TR0               ;启动 T0
              AJMP      $                 ;程序循环执行
DD1:          MOV       A,30H
              ADD       A,#01H            ;计数器加"1"
              MOV       30H,A             ;保存
              MOV       A,#00H
              ADDC      A,31H             ;若有进位,加进位
              MOV       31H,A             ;
              SETB      P1.0              ;启动外设包装
                                          ;包装延时
              CLR       P1.0              ;包装结束
              RETI
              END
```

例 5.17 如图 5.21 所示,机电式 IC 卡预付费电表 250 转/kWh,单片机根据其机械转盘旋转情况采样计数,每旋转一周采样 1 次,当电表所预存金额足够支付 1 度电时,P1.1 输出高电平控制继电器闭合,否则由 P1.1 输出低电平控制继电器断电。

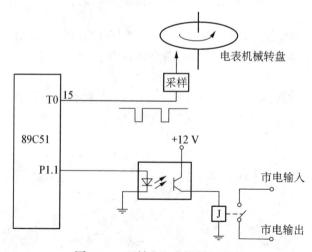

图 5.21 预付费电表控制电路图

解:本例是利用定时/计数器对外部输入信号计数,若电表每转 1 转产生一个负脉冲,250 转后即为 1 kWh,此时由 P1.1 引脚输出低电平控制继电器断开,以示预存电费不够,需用户续电。

若用定时器 T1 方式 2 对输入脉冲计数,则定时初值为:

$$定时计数初值＝28－250＝6＝06H,$$

即从 06H 开始计数,计数至 00H 产生溢出(250 个脉冲)。

编程时假设余额存储在 40H,41H 两个单元,用电单价保存在 42H,43H 单元,则编写程序如下:

```
        ORG     0000H
        JMP     MAIN
        ORG     001BH        ;T1 入口地址
        LJMP    TT1IN
        ORG     0030H
MAIN：  MOV     TMOD,#60H    ;设置 T1 方式 2,计数方式
        MOV     TH1,#06H     ;自动重装初值
        MOV     TL0,#06H     ;装入初始计数值
        SETB    EA           ;开总中断
        SETB    ET1          ;开 T1 中断
        SETB    TR1          ;启动计数
LOOP：                       ;其他任务处理,如显示等
        LJMP    LOOP
TT1IN： MOV     A,41H        ;用电 1 度,减单价一次
        CLR     C
        SUBB    A,43H
        MOV     41H,A        ;保存余额
        MOV     A,40H
        SUBB    A,42H
        MOV     40H,A        ;保存余额
        JC      OFF          ;余额不够,断电
        RETI
OFF：   CLR     P1.1         ;控制继电器断开
        MOV     A,41H
        ADD     A,43H        ;恢复余额
        MOV     41H,A
```

MOV	A,40H
ADDC	A,42H
MOV	40H,A
RETI	
END	

采用定时/计数器对外部信号计数,在各个领域的单片机系统中应用非常广泛,如电缆厂生产时的长度测量、电机厂电机转速的测量、汽车上行驶里程的计数等。

2. 外部中断应用举例

例 5.18 图 5.22 所示为一汽车简单防盗报警系统控制电路,K1 为安装在车门内的开关,门关闭时接高电平,门打开时接低电平;K2 为报警/不报警选择开关,当 P1.7 为高电平时报警,否则不报警。报警声音采用语音芯片播放,当 P1.1 为低电平时,喇叭发声,否则不发声。工作时只要 K2 选择报警状态,当外人打开车门时,K1 接低电平触发$\overline{INT0}$中断,P1.1 输出低电平报警,程序编写为:

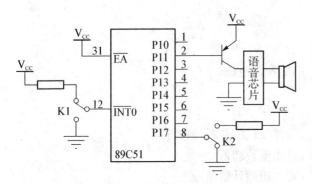

图 5.22 汽车简单防盗报警电路

	ORG	0000H	
	LJMP	MAIN	
	ORG	0003H	
	LJMP	LL	
	ORG	0030H	
MAIN:	MOV	P1,#0FFH	;P1 设为输入
	MOV	A,P1	;读 P1 状态
	SETB	P1.1	;关闭扬声器
	JB	ACC.7,TT	;P1.7＝1 允许报警
	CLR	EA	;P1.7＝0 不允许报警
	CLR	EX0	
	LJMP	KK	
TT:	SETB	EX0	;$\overline{INT0}$中断允许
	SETB	EA	
	CLR	IT0	;电平触发方式

KK:	AJMP	$	;$\overline{INT0}$中断服务程序
LL:	CLR	EA	;关闭中断
	CLR	P1.1	;使语音芯片工作
	AJMP	$	;无外界干预,一直报警
	RETI		
	END		

项目实施

1. 项目设备与器件

(1)项目设备:单片机仿真器、编程器和单片机应用系统。

(2)项目电路:电路如图 5.23 所示。

2. 流程图

本实验主程序流程图,如图 5.24 所示。

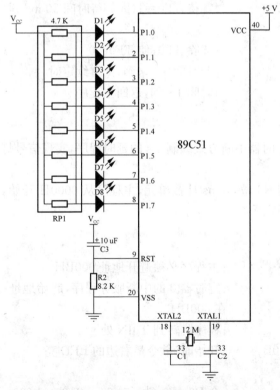

图 5‒23 能力训练项目 3 电路

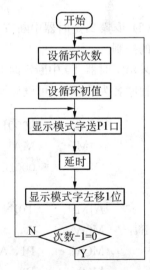

图 5‒24 主程序流程图

3. 项目步骤与要求

(1)步骤 1:定时器查询方式 用定时器方式 1 编制 1 s 的延时程序,实现信号灯循环显

179

示的控制。

系统采用 12 MHz 晶振,采用定时器 T0 方式 1 定时 50 ms,用 R3 做 50 ms 计数单元,得到 1 s。可设计源程序如下:

	ORG	0000H	
	MOV	A,♯11111110B	;开始时,欲令最右边的 LED 亮
LOOP:	MOV	P1,A	;把 A 的内容送至 P1
	ACALL	DELAY	;延时 1 s
	RL	A	;把 A 的内容向左移 1 位
	AJMP	LOOP	
DELAY:	MOV	R3,♯20	;欲延时 50 ms×20=1 000 ms=1 s
	MOV	TMOD,♯00000001B	;设定定时器 0 工作在模式 1(即 16 位定时器)
TIMER:	MOV	TH0,♯3CH	;设定计数值,以便定时 50 ms
	MOV	TL0,♯0B0H	
	SETB	TR0	;起动定时器 0
WAIT:	JB	TF0,OK	;等待 TF0=1(即等待时间 50 ms 到)
	AJMP	WAIT	
OK:	CLR	TF0	;清除 TF0,使 TF0=0
	DJNZ	R3,TIMER	;若时间 1 s 未到,则继续定时
	RET		;时间 1 s 到,返回主程序
	END		

(2) 步骤 2:定时器中断方式 用定时器中断方式编制 1 s 的延时程序,实现信号灯循环显示的控制。

采用定时器 T0 中断定时 50 ms,用 R3 做 50 ms 计数单元,主程序从 0000H 开始,中断服务程序名为 T0IN。可设计源程序如下:

	ORG	0000H	
	AJMP	MAIN	;主程序必须避开地址 000BH
	ORG	000BH	;定时器 0 的中断服务程序,起始地址一定在 000BH
	AJMP	T0IN	;程序跳转到 T0IN 处
MAIN:	MOV	A,♯11111110B	;开始时,欲令最右边的 LED 亮
	MOV	P1,A	
	MOV	R3,♯20	;令 R3=20,欲延时 50 ms×20=1 000 ms=1s

	MOV	TMOD,♯00000001B	;设定时器 0 工作在模式 1(即 16 位定时器)
	MOV	TH0,♯3CH	;设定计数值,以便定时 50 ms
	MOV	TL0,♯0B0H	
	SETB	EA	;定时器 0,中断使能
	SETB	ET0	
	SETB	TR0	;起动定时器 0
	SJMP	$	;暂停于本地址,等待中断信号
T0IN:	MOV	TH0,♯3CH	;重新设定计数值
	MOV	TL0,♯0B0H	
	DJNZ	R3,CONT	;若 R3-1≠0,表示时间 1 s 未到,跳至 CONT 处
	MOV	R3,♯20	;重新设定 R3 值
	RL	A	;把 LED 左移 1 位
	MOV	P1,A	
CONT:	RETI		;返回主程序
	END		

4. 项目总结与分析

(1)步骤 1 和软件定时相比,软件的编制方法不同。后者采用软件定时,对循环体内指令机器周期数进行计数;前者采用定时器定时,用加法计数器直接对机器周期进行计数。两者工作机理不同,置初值方式也不同,相比之下定时器定时无论是方便程度还是精确程度都高于软件定时。

(2)步骤 1 和步骤 2 相比,都采用定时器定时,但两者实现方法不同。前者采用查询工作方式,在 1 s 定时程序期间一直占用 CPU;后者采用中断工作方式,在 1 s 定时程序期间 CPU 可处理其他指令,从而充分发挥定时/计数器的功能,大大提高 CPU 的效率。

5.3 项目3 电动机的单片机控制

项目任务要求

用户目标:设计制作一套用单片机控制电动机的正、反转控制装置。

用户要求:按前进按钮时,电动机正转;按后退按钮时,电动机反转;按停止按钮时,电动机停转。

项目分析

该项目任务属于典型的单片机对电动机的控制系统,选用 MCS-51 系列 AT89C51 单片机作为电动机正、反转的控制核心。学会用单片机控制电动机的接口电路,学习单片机控制电动机正、反转的方法。

相关知识

5.3.1　单片机与键盘接口

一个按键实际上是一个开关元件,也就是说键盘是一组规则排列的按键开关。操作员通过键盘输入数据或命令,实现人机对话。

5.3.1.1　键盘工作原理

1. 按键的分类

按照接口原理按键可分为非编码键盘与全编码键盘两类,这两类键盘的主要区别是识别键符及给出相应键码的方法。非编码键盘主要是由软件实现键盘的定义与识别,全编码键盘主要是用硬件实现对键的识别。

按键按照结构原理可分为两类,一类是无触点开关按键,如电气式按键、磁感应按键等;另一类是触点式开关按键,如机械式开关、导电橡胶式开关等。前者耐用,后者价低。目前单片机系统中,最常见的是触点式开关按键。

2. 按键结构与特点

键盘是由若干独立的键组成,键的按下与释放是通过机械触点的闭合与断开来实现的。因机械触点的弹性作用,在闭合与断开的瞬间均有一个不稳定过程,如图 5.25 所示,这种不稳定状态称为抖动,抖动时间一般为 5~10 ms。

在硬件上,在键输出端加 R-S 触发器(双稳态触发器)或单稳态触发器构成去抖动电

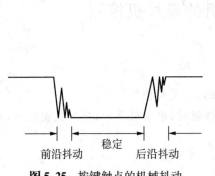

图 5.25　按键触点的机械抖动

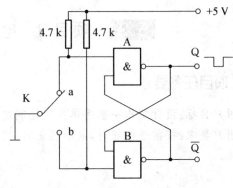

图 5.26　双稳态去抖电路

路,如图 5-26 所示。触发器一旦翻转,触点抖动不会对其产生任何影响。按键未按下时,A＝0,B＝1,输出 Q＝1;按键按下时,因按键的机械弹性作用的影响,使按键产生抖动。当开关没有稳定到达 B 端时,因与非门 B 输出为 0,反馈到与非门 A 的输入端,封锁了与非门 A,双稳态电路的状态不会改变,输出保持为 1,输出 Q 不会产生抖动的波形。当开关稳定到达 B 端时,因 A＝1,B＝0,使 Q＝0,双稳态电路状态发生翻转。当释放按键时,在开关未稳定到达 A 端时,因 Q＝0,封锁了与非门 B,双稳态电路的状态不变,输出 Q 保持不变,消除了后沿的抖动波形。当开关稳定到达 B 端时,因 A＝0,B＝0,使 Q＝1,双稳态电路状态发生翻转,输出 Q 重新返回原状态。由此可见,键盘输出经双稳态电路之后,输出已变为规范的矩形方波。

软件上采取的措施是:在检测到有按键按下时,执行一个 10 ms 左右的延时程序后,再确认该键电平是否仍保持闭合状态电平,若仍保持闭合状态电平,则确认该键处于闭合状态;同理,在检测到该键释放后,也应采用相同的步骤进行确认,可消除抖动的影响。

3. 编制键盘程序

一个完整的键盘控制程序应具备以下功能:

(1) 判断键盘上是否有键闭合;

(2) 按键消抖;

(3) 确定闭合键的物理位置;

(4) 按键编码。

5.3.1.2 独立式键盘及其接口

单片机应用系统中,如果只需要几个功能键,可采用独立式按键结构。

1. 独立式按键结构

独立式按键是指直接用 I/O 线构成的单个按键电路。每个按键单独占用一根 I/O 口线,按键的工作不会影响其他 I/O 口线的状态,如图 5.27 所示。按键输入均采用低电平有效,上拉电阻保证了按键断开时,I/O 口线有确定的高电平。当 I/O 口线内部有上拉电阻时,外电路可不接上拉电阻。

独立式按键电路配置灵活、软件结构简单,但是,在按键较多时,I/O 口线浪费较大,不宜采用。

2. 独立式按键的软件结构

独立式按键软件常采用查询式结构。先逐位查询每根 I/O 口线的输入状态,如某一根 I/O 口线输入为低电平,则可确认该 I/O 口线所对应的按键已按下;然后,再转向该键的功能处理程序。

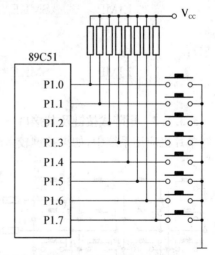

图 5.27 独立式按键电路

针对图 5.27 的电路,设计出独立式键盘。当 CPU 空闲时,调用键盘扫描子程序,响应键盘的输入要求。随机扫描程序如下:

SMKEY:	ORL	P1，♯0FFH	；置 P1 口为输入方式
LOOP:	MOV	A，P1	；读 P1 口信息
	CJNE	A，♯0FFH，PL0	；有键按下否？
	SJMP	LOOP	；无键按下等待
PL0:	LCALL	DELAY	；调延时去抖动
	MOV	A，P1	；重读 P1 口信息
	CJNE	A，♯0FFH，PL1	；非误读转
	SJMP	LOOP	
PL1:	JNB	ACC.0，P0K	；0 号键按下，转 0 号键处理
	JNB	ACC.1，P1K	；1 号键按下,转 1 号键处理
	……		
	JNB	ACC.7，P7K	；7 号键按下,转 7 号键处理
	LJMP	SMKEY	
P0K:	LJMP	PM0	
P1K:	LJMP	PM1	
	……		
P7K:	LJMP	PM7	
PM0:	……		
	LJMP	SMKEY	
PM1:	……		
	LJMP	SMKEY	
	……		
PM7:	……		
	LJMP	SMKEY	

5.3.1.3 矩阵式按键及其接口

单片机应用系统中,如果按键较多时,通常采用行列式又称矩阵式键盘接口电路。

1. 矩阵式键盘的结构及原理

行列式键盘由行线和列线组成,按键位于行、列线的交叉点上,其结构如图 5.28 所示。

4×4 的行、列结构可以构成含有 16 个按键的键盘,显然,在按键数量较多时,矩阵式键盘较之独立式按键键盘要节省很多 I/O 口。

矩阵式键盘中,行、列线分别连接到按键开关的两端,行线通过上拉电阻接到＋5 V 上。当无键按下时,行线处于高电平状态;当有键按

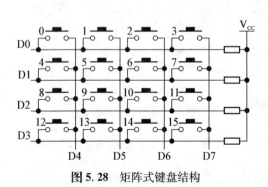

图 5.28 矩阵式键盘结构

下时,行、列线将导通,此时,行线电平将由与此行线相连的列线电平决定。这是识别按键是否按下的关键。然而,矩阵键盘中的行线、列线和多个键相连,各按键按下与否均影响该键所在行线和列线的电平,各按键间将相互影响。因此,必须将行线、列线信号配合起来作适当处理,才能确定闭合键的位置。

2. 矩阵式键盘按键的识别

识别按键的方法很多,其中,最常见的方法是扫描法。下面以图 5.28 中 8 号键的识别为例,说明扫描法识别按键的过程。

(1)判断键盘上有无键按下　使列线 D4～D7 输出全 0,再读入行线 D0～D3 的电平,判断行线 D0～D3 是否为"全 1",若是则无键按下,否则有键按下。

(2)去键抖动影响　当判断有键按下后,可采用软件延时一段时间(一般为 10 ms 左右),再判断键盘状态,如果仍为有键按下状态,则认为有一个确定的键被按下,否则按键抖动处理。

(3)确定被按键位置　逐列扫描键盘以确定被按键的位置号,即行列号。其方法是从 D4 列开始输低电平"0",其他列输出高电平"1",再读行线 D0～D3 的状态,判断该列是否有键合上。如果行线 D0 为低电平,表示 0 号键被按下;同理,如果行线 D1～D3 为低电平,分别表示 4,8,12 号键被按下,直至 3 列扫描完为至。

(4)判断键是否释放　再次调用整个键盘扫描程序,判断按下的键是否已释放。

(5)确定按键的键值　由按键位置号(即列、行号),采用查表技术来确定按键的键值,然后转各按键的功能处理程序。在进行键盘处理程序的软件设计时,可先设置两张表,一张表 TAB1 存按键的列、行扫描码,每个扫描码占两个存储单元,按行每行 8 个依次存储;另一张表 TAB2 存与各位置(即 TAB1 表中的列、行扫描码)对应的按键的 ASCII 码值,每个键值占一个存储单元。

3. 键盘的编码

对于独立式按键键盘,因按键数量少,可根据实际需要灵活编码。对于矩阵式键盘,按键的位置由行号和列号唯一确定,因此可分别对行号和列号进行二进制编码,然后将两值合成一个字节,高 4 位是行号,低 4 位是列号。如图 5.28 中的 8 号键位于第 D2 行、第 D4 列,因此,其键盘编码应为 20H。采用上述编码对于不同行的键离散性较大,不利于散转指令对按键进行处理。因此,可采用依次排列键号的方式对安排进行编码。以图 5.28 中的 4×4 键盘为例,可将键号编码为 01H,02H,03H,…,0EH,0FH,10H 等 16 个键号。编码相互转换可通过计算或查表的方法实现。

4. 键盘的工作方式

在单片机应用系统中,键盘扫描只是 CPU 的工作内容之一。CPU 对键盘的响应取决于键盘的工作方式。键盘的工作方式应根据实际应用系统中 CPU 的工作状况而定,其选取的原则是既要保证 CPU 能及时响应按键操作,又不要过多占用 CPU 的工作时间。通常,键盘的工作方式有 3 种:编程扫描、定时扫描和中断扫描。

(1)编程扫描方式　图 5.29 所示是 4 行 4 列按键的行列式键盘。行列式键盘按键的识

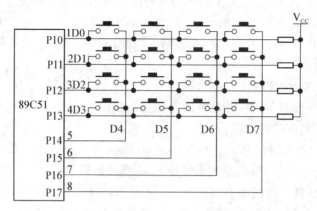

图 5.29 动态扫描法行列式键盘接口电路

别通常采用扫描法,识别的方法如下:

① 依次使列线 P1.4~P1.7 输出 0 电平,检测行线 P1.0~P1.3 的电平状态。如果 D0~D3 上的电平全为高电平,则表示没有键被按下。如果 D0~D3 上的电平不全为高电平,则表示有键被按下。

② 如果没有键闭合,就返回扫描。如果有键闭合,再进行逐列扫描,找出闭合键的键号。先使 D4=0,D5~D7=1,检测 D0~D3 上的电平,如果 D0=0,表示第一行第一列键被按下,如果 D1=0,表示第二行第一列键按下,依此类推;如果 D0~D4 均不为 0,则表示这一列没有键被按下,再使 D5=0,检测第二列按键,这样依次进行下去,直到把闭合的键找到为止。

例 5.19 在图 5.29 中,若从第一行第一列键开始把 16 个按键按行编号,依次编为 00H,01H,02H,…,0DH,0EH,0FH,$f=6$ MHz,编写程序寻找所按下的键为哪个键号,结果存放在 40H 单元内。

解:按键扫描程序采用子程序编写,先判断是否有键按下。若有,确定按键所在的行和列,然后计算出该键的键号(键号=行首键号+扫描列号),存入单元 40H;若无,退出扫描程序。

程序清单如下:

ORG	0000H		
LJMP	MAIN		
ORG	0030H		
;主程序			
MAIN:			;有关初始化
MAIN0:	LCALL	KEYSCAN	;键扫描
	JB	F0,KEYON	;有键

	LJMP	MAIN0	;无键按下继续扫描
KEYON:			;键处理
LJMP	MAIN0		

;按键扫描子程序

KEYSCAN:	LCALL	KEYS	;调用按键闭合子程序
	JNZ	KEY1	;有键闭合则转至去抖动
	RET		;无键闭合则返回
KEY1:	LCALL	DELAY	;调用 10 ms 延时程序
	LCALL	KEYS	;再次调用判键闭合子程序
	JNZ	KEY2	;确认有键闭合,开始扫描
	RET		;无键闭合则返回
KEY2:	MOV	R2,#0EFH	;送首列扫描字(D4=0)
	MOV	R4,#00H	;列扫描计数初值
KEY0:	MOV	A,R2	
	MOV	P1,A	;扫描字从 P1 口送出
	MOV	A,P1	;读 P1 口(读出 P1.0 至 P1.3 状态)
	JB	ACC.0,LINE1	;P1.0=1,第 1 行无键闭合,转第 2 行
	MOV	A,#00H	;第 1 行首键号送 A
	LJMP	KNU	;转键号计算程序
LINE1:	JB	ACC.1,LINE2	;P1.1=1,第 2 行无键闭合,转第 3 行
	MOV	A,#04H	;第 2 行首键号送 A
	LJMP	KNU	;转键值计算程序
LINE2:	JB	ACC.2,LINE3	;P1.2=1,第 3 行无键闭合,转第 4 行
	MOV	A,#08H	;第 3 行首键号送 A
	LJMP	KNU	;转键值计算程序
LINE3:	JB	ACC.3,NEXTK	;P1.3=1,第 4 行无键闭合,转下 1 列
	MOV	A,#0CH	;第 4 行首键号送 A
	LJMP	KNU	
NEXTK:	INC	R4	
CJNE	R4,#4,KEY5		;列未扫完,继续
EXIT:	CLR	F0	
	RET		
KEY5:	MOV	A,R2	;取列扫描值
RL	A		;为扫描下 1 行做准备
	MOV	R2,A	;保存扫描值
	LJMP	KEY0	;开始扫描下 1 列

KNU:	ADD	A, R4	;计算键号
	MOV	40H, A	;保存键号
KEY3:	LCALL	KEYS	;等待键释放
	JNZ	KEY3	
	SETB	F0	
	RET		
;判键闭合子程序			
KEYS:	MOV	P1, #0FH	;P1.0~P1.4 置 1
	MOV	A, P1	;读入 P1.0~P1.4
	ANL	A, #0FH	
	CPL	A	;A＝0 无键按下, A 0 有键按下
	RET		
;10 ms 延时子程序			
DELAY:	MOV	R7, #14H	
DD:	MOV	R6, #0F8H	
DD1:	DJNZ	R6, DD1	
	DJNZ	R7, DD	
	RET		
	END		

(2) 定时扫描方式　定时扫描方式就是每隔一段时间对键盘扫描一次,利用单片机内部的定时器产生一定时间(如 10 ms)的定时,定时时间到就产生定时器溢出中断。CPU 响应中断后,对键盘进行扫描,并在有键按下时识别出该键,再执行该键的功能程序。定时扫描方式的硬件电路与编程扫描方式相同。

(3) 中断扫描方式　采用上述两种键盘扫描方式时,无论是否按键,CPU 都要定时扫描键盘,而单片机应用系统工作时,并非经常需要键盘输入,因此,CPU 经常处于空扫描状态。为提高 CPU 工作效率,可采用中断扫描工作方式。其工作过程如下:当无键按下时,CPU 处理自己的工作;当有键按下时,产生中断请求,CPU 转去执行键盘扫描子程序,并识别键号。

图 5.30 所示是一种简易键盘接口电路,该键盘是由 89C51P1 口的高、低字节构成的 4×4 键盘。键盘的列线与 P1 口的高 4 位相连,键盘的行线与 P1 口的低 4 位相连,因此,P1.4~P1.7 是键输出线,P1.0~P1.3 是扫描输入线。图中的 4 输入与门用于产生按键中断,其输入

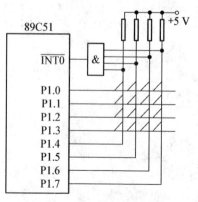

图 5.30　中断扫描键盘电路

端与各列线相连,再通过上拉电阻接至+5 V电源,输出端接至89C51的外部中断输入端$\overline{INT0}$。具体工作如下:当键盘无键按下时,与门各输入端均为高电平,保持输出端为高电平;当有键按下时,$\overline{INT0}$端为低电平,向CPU申请中断,若CPU开放外部中断,则会响应中断请求,转去执行键盘扫描子程序。

5.3.2 显示器与单片机接口

在单片机应用系统中,进行人机交互的数据和状态信息输出通常采用显示器,显示器的种类很多:发光二极管显示器,简称 LED (light emitting diode),液晶显示器,简称 LCD (liquid crystal display);荧光管显示器和CRT显示器。使用最多的是LED和LCD。本节主要从显示器的结构、工作原理、显示方式,以及与单片机的接口和编程技术来进行介绍。

5.3.2.1 LED显示及其接口

常用的LED显示器有LED状态显示器(即发光二极管)、LED七段显示器(即数码管)和LED十六段显示器。发光二极管可显示两种状态,用于系统状态显示;数码管用于数字显示;LED十六段显示器用于字符显示。

1. LED结构

LED由8个发光二极管(以下简称字段)构成,通过不同的组合可用来显示数字0~9、字符A~F,H,L,P、符号"一"及小数点"."。数码管的外形结构,如图5.31(c)所示;所有发光二极管的阴极连在一起,如图5.31(b)所示,称为共阴极接法;阳极连在一起,如图5.31(a)所示,称为共阳极接法。

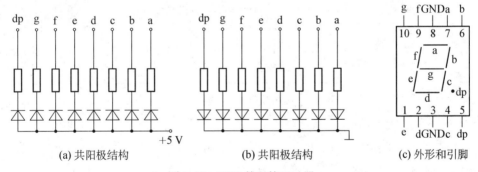

(a) 共阳极结构   (b) 共阳极结构   (c) 外形和引脚

图5.31 LED数码管显示器

2. LED工作原理

共阳极数码管的8个发光二极管的正极端(阳极)连接在一起,公共阳极接电源,其他管脚接段驱动电路输出端。当某段驱动电路的输出端为低电平时,则该端所连接的字段导通并点亮,根据发光字段的不同组合可显示出各种数字或字符。

共阴极数码管的8个发光二极管的负极端(阴极)连接在一起,通常,公共阴极接地,其他管脚接段驱动电路输出端。当某段驱动电路的输出端为高电平时,则该端所连接的字段导通并点亮,根据发光字段的不同组合可显示出各种数字或字符。

3. LED 字型编码

要使数码管显示出相应的数字或字符,必须使段数据口输出相应的字型编码,字型码各位定义为

数据字	D7	D6	D5	D4	D3	D2	D1	D0
LED 段	DP	g	f	e	d	c	b	a

如使用共阳极数码管,数据为 0 表示对应字段亮,数据为 1 表示对应字段暗;如使用共阴极数码管,数据为 0 表示对应字段暗,数据为 1 表示对应字段亮。要显示"0",共阳极数码管的字型编码应为 11000000B(即 C0H),共阴极数码管的字型编码应为 00111111B(即 3FH)。依此类推,可求得数码管字型编码见表 5.2。

表 5.2 数码管字型编码表

共阳极				共阴极			
字型	段选码	字型	段选码	字型	段选码	字型	段选码
0	C0H	A	88H	0	3FH	A	77H
1	F9H	B	83H	1	06H	B	7CH
2	A4H	C	C6H	2	5BH	C	39H
3	B0H	D	A1H	3	4FH	D	5EH
4	99H	E	86H	4	66H	E	79H
5	92H	F	8EH	5	6DH	F	71H
6	82H	H	89H	6	7DH	H	76H
7	F8H	L	C7H	7	07H	L	38H
8	80H	P	8CH	8	7FH	P	73H
9	90H	灭	FFH	9	6FH	灭	00H
—	BFH	.	7FH	—	40H	.	80H

5.3.2.2 静态显示接口

静态显示方式是指在 LED 显示某个字符时其相应的段(发光二极管)一直导通或截止,只有在改变显示另一字符时各段导通或截止的状态才改变。

LED 数码管工作在静态显示方式下,一般要把共阳极数码管的公共端接高电平,共阴极数码管的公共端接地,其他各引脚分别接至单片机的 I/O 口线上,由单片机控制从 I/O 口线上输出段选码来点亮数码管显示不同的字符。

例 5.20 用定时器/计数器模拟汽车生产线产品计件,以按键模拟产品检测,按一次键相当于产品计数一次。检测到的产品数送 P1 口显示,采用单只数码管显示,计满 16 次后从头开始,依次循环。系统采用 12 MHz 晶振。

解:根据题意,可设计出硬件电路如图 5.32 所示。

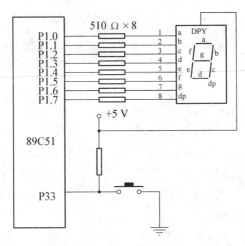

图 5.32　模拟汽车生产线产品计件数码管显示电路

其源程序可设计如下：

	ORG	0030H	
	MOV	TMOD,♯06H	;定时/计数器 T0 工作在方式 2
	MOV	TH0,♯0F0H	;T0 置初值
	MOV	TL0,♯0F0H	
	SETB	TR0	;启动 T0
MAIN:	MOV	A,♯00H	;计数显示初始化
	MOV	P1,♯0C0H	;数码管显示 0
DSP:	JB	P3.3,DSP	;监测按键信号
	ACALL	DELAY	;消抖延时
	JB	P3.3,DSP	;确认低电平信号
DSP1:	JNB	P3.3,DSP1	;监测按键信号
	ACALL	DELAY	;消抖延时
	JNB	P3.3,DSP1	;确认高电平信号
	CLR	P3.4	;T0 引脚产生负跳变
	NOP		
	NOP		
	SETB	P3.4	;T0 引脚恢复高电平
	INC	A	;累加器加 1
	MOV	R1,A	;保存累加器计数值
	ADD	A,♯08H	;变址调整
	MOVC	A,@A+PC	;查表获取数码管显示值

	MOV	P1,A	;数码管显示查表值
	MOV	A,R1	;恢复累加器计数值
	JBC	TF0,MAIN	;查询 T0 计数溢出
	SJMP	DSP	;16 次不到继续计数
TAB:	DB	0C0H,0F9H,0A4H	;0,1,2
	DB	0B0H,99H,92H	;3,4,5
	DB	82H,0F8H,80H	;6,7,8
	DB	90H,88H,83H	;9,A,B
	DB	0C6H,0A1H,86H	;C,D,E
	DB	8EH	;F
DEALY:	MOV	R2,♯14H	;10 ms 延时
DY1:	MOV	R3,♯0FAH	
	DJNZ	R3,$	
	DJNZ	R2,DY1	
	RET		
	END		

5.3.2.3 动态显示接口

1. 动态显示概念

动态显示是一位一位地轮流点亮各位数码管,这种逐位点亮显示器的方式称为位扫描。通常,各位数码管的段选线相应并联在一起,由一个 8 位的 I/O 口控制;各位的位选线(公共阴极或阳极)由另外的 I/O 口线控制。动态方式显示时,各数码管分时轮流选通,要使其稳定显示必须采用扫描方式。即在某一时刻只选通一位数码管,并送出相应的段码,在另一时刻选通另一位数码管,并送出相应的段码,依此规律循环,即可使各位数码管显示将要显示的字符。虽然这些字符是在不同的时刻分别显示,但由于人眼存在视觉暂留效应,只要每位显示间隔足够短就可以给人同时显示的感觉。

采用动态显示方式比较节省 I/O 口,硬件电路也较静态显示方式简单。但其亮度不如静态显示方式,而且在显示位数较多时,CPU 要依次扫描,占用 CPU 较多的时间。

2. 多位动态显示接口应用

用 87C51 或 89C51 在显示屏上扫描显示 1,2,3,4,5 等 5 个数字的电路图,如图 5.33 所示。

(1)扫描显示 改变送至 Port 3 的值即可,如图 5.34 所示。像这种有规律的变化最适宜使用移位指令加以控制。

要在显示器显示 12345,则需先如图 5.35(a)所示,由 Port 1 送出"1"的字型码 06H,并由 Port 3 送出 11101111B,使"1"亮在最左边的显示器;然后如图 5.35(b)所示,由 Port 1 送出"2"的字型码 5BH,并由 Port 3 送出 11110111B,使"2"亮在第 2 个显示器;依此类推。综观

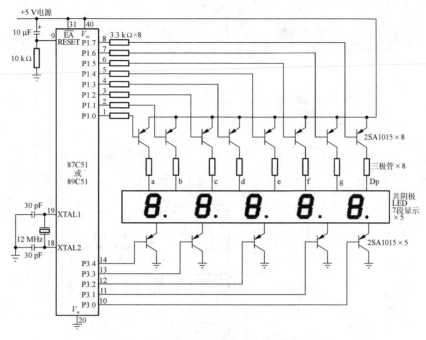

图 5.33 LED 显示器扫描显示接线图

图 5.34 改变 Port 3 的值选择段码

图 5.35 改变 Port 3 的值选定位选线

图 5.35 中的(a)→(b)→(c)→(d)→(e)→(a)→(b)→…可知,每次只有一个显示器在发亮,但由于人眼有视觉暂留的现象,只要以极快的速度令 5 个显示器依次轮流点亮,看起来就会觉得 5 个显示器同时都在亮。这种显示方法,称为动态扫描显示法。

(2)字型码 由于图 5.33 中是使用 PNP 晶体管来驱动,所以由 Port 1 送出的字形,要亮的字划需送出低电位使晶体管导通,不要亮的字划就送出高电位使晶体管截止。

(3)流程图 程序流程图,如图 5.36 所示。

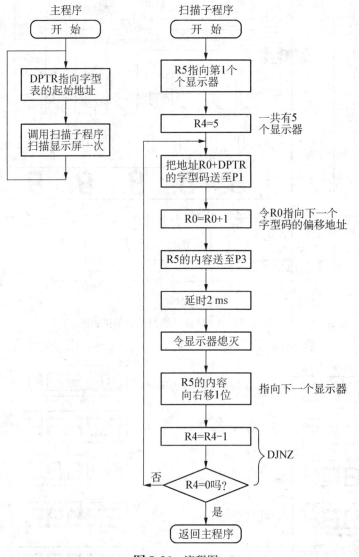

图 5.36 流程图

（4）程序　程序如下：

```
            ORG         0000H
START：     MOV         DPTR,#TABLE    ;DPTR 指向字形表的起始地址
            ACALL       SCAN1          ;显示一次
            AJMP        START          ;重复执行程序
;扫描子程序
```

;本 SCAN1 子程序能自左向右扫描显示屏一次,共耗时 10 ms

```
SCAN1:    MOV       R5,#11101111B      ;欲从最左边的显示器开始显示
          MOV       R4,#05             ;一共有 5 个显示器
          MOV       R0,#00             ;R0 为字型码的偏移地址,起始值为 0
LOOP:     MOV       A,R0               ;由地址 R0、DPTR 取得字型码
          MOVC      A,@A+DPTR
          MOV       P1,A               ;将字型码送至 P1
          INC       R0                 ;令 R0 指向下一个字型码的偏移地址
          MOV       P3,R5              ;令一个显示器的共阴极为低电位
          ACALL     DELAY              ;延时 2 ms
          ORL       P3,#11111111B      ;令显示器熄灭,以免产生残影
          MOV       A,R5               ;把 R5 的内容向右移 1 位
          RR        A                  ;指向下一个显示器的共阴极
          MOV       R5,A
          DJNZ      R4,LOOP            ;一共需显示 5 个字
          RET                          ;返回主程序
;延时子程序
DELAY:    MOV       R6,#5
DL1:      MOV       R7,#200
DL2:      DJNZ      R7,DL2
          DJNZ      R6,DL1
          RET
;字形表
TABLE:
          DB        06H                ;"1"的字型码
          DB        5BH                ;"2"的字型码
          DB        4FH                ;"3"的字型码
          DB        66H                ;"4"的字型码
DB        6DH                          ;"5"的字型码
          END
```

3. 典型的键盘、显示接口电路

在单片机应用系统中,键盘和显示器往往须同时使用,为节省 I/O 口线,可将键盘和显示电路做在一起,构成实用的键盘、显示电路。图 5.37 所示是用 8155 并行扩展 I/O 口构成的典型的键盘、显示接口电路。

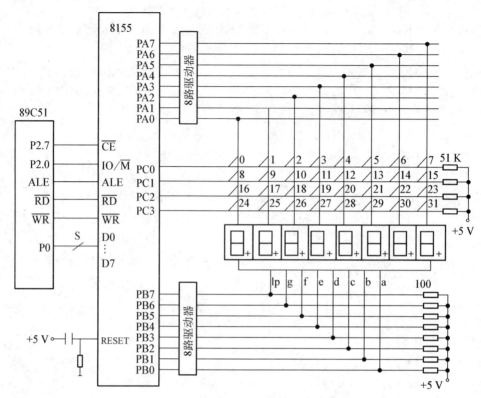

图 5.37 8155 构成的键盘、显示接口电路

　　LED 显示器采用共阴极数码管,8155 的 A 口用作数码管位码输出口,同时它还用作键盘列选口,B 口用作数码管段码输出口,C 口用作键盘行扫描信号输入口。当其选用 4 根口线时,可构成 4×8 键盘;选用 6 根口线时,可构成 6×8 键盘。LED 采用动态显示软件译码,键盘采用逐列扫描查询工作方式,驱动采用 74LS244 总线驱动器。

　　键盘、显示器共用一个接口电路的设计方法除上述方案外,还可采用专用的键盘、显示器接口的芯片——8279。

项目实施

1. 单片机控制接线图
电动机正、反转的单片机控制接线图,如图 5.38 所示。

2. 流程图
项目流程图,如图 5.39 所示。

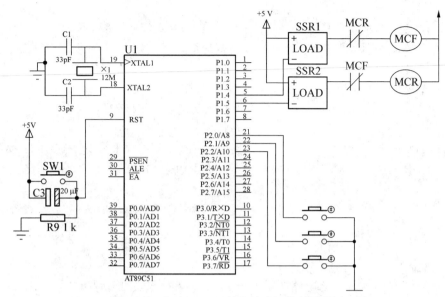

图 5.38 电动机正、反转的单片机控制接线图

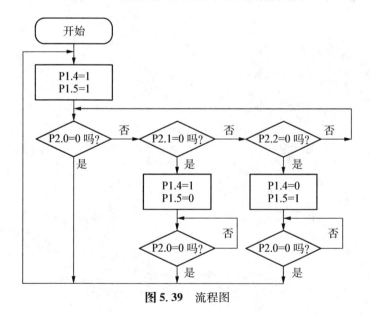

图 5.39 流程图

3. 项目程序

程序如下:

```
        ORG      0000H
OFF：    ORL      P1,#11111111B    ;令 P1.4＝1,P1.5＝1
        ORL      P2,#11111111B    ;设定 P2 为输入端口
;等待按下按钮
```

LOOP:	JNB	P2.0,OFF	;测试是否 OFF 按钮被按下
	JNB	P2.1,REV	;测试是否 REV 按钮被按下
	JNB	P2.2,FOR	;测试是否 FOR 按钮被按下
	AJMP	LOOP	;重复测试按钮的状态
REV:	CLR	P1.5	;令固态继电器 SSR2 通电
	JB	P2.0,$	;等待按下 OFF 按钮
	AJMP	OFF	;跳至 OFF,令固态继电器 SSR1、SSR2 都断电
FOR:	CLR	P1.4	;令固态继电器 SSR1 通电
	JB	P2.0,$	;等待按下 OFF 按钮
	AJMP	OFF	;跳至 OFF,令固态继电器 SSR1、SSR2 都断电
	END		

4. 项目步骤

（1）按照图 5-38 所示的电路图接好电路。实验时,若为了节省时间,可用 LED 串联 330 Ω 的电阻器代替继电器进行模拟实验,具体电路如图 5.40 所示。

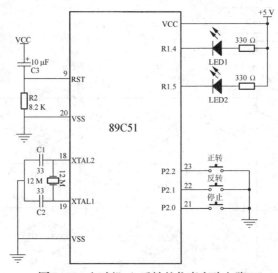

图 5.40 电动机正、反转的仿真实验电路

（2）输入程序,并通电执行。

（3）按下 FOR 按钮时,RL1 或 RL2 通电？　　　　答：＿＿＿＿＿＿＿＿＿。

（4）按下 REV 按钮时,RL1 或 RL2 通电？　　　　答：＿＿＿＿＿＿＿＿＿。

（5）按下 OFF 按钮时,RL1 或 RL2 都断电吗？　　答：＿＿＿＿＿＿＿＿＿。

（6）按下 REV 按钮时,RL1 或 RL2 通电？　　　　答：＿＿＿＿＿＿＿＿＿。

（7）按下 FOR 按钮时,RL1 或 RL2 通电？　　　　答：＿＿＿＿＿＿＿＿＿。

（8）按下 OFF 按钮时,RL1 或 RL2 都断电吗？　　答：＿＿＿＿＿＿＿＿＿。

PLC 基础习题

习题 1

一、选择题

1. PLC 是按照_____工作方式工作的。

   A．并行　　　　　　　　B．串行　　　　　　　　C．循环扫描

2. PLC 的输出形式有继电器输出、晶闸管输出和_____输出。

   A．晶体管　　　　　　　B．I/O 模块　　　　　　　C．电源型模块

3. 特殊功能辅助继电器 M8000 功能是_____。

   A．在 PLC 开始接通电源瞬时产生一个单脉冲

   B．PLC 运行时接通　　　　　　　　C．产生 1 000 ms 时钟脉冲

4. 在 PLC 中,Y 表示_____。

   A．输入继电器符号　　　B．输出继电器符号　　　C．时间继电器符号

5. 在 PLC 中,I/O 总点数表示_____。

   A．输入和输出点数之和　B．输入点数和控制点数之和　C．输出点数和控制点数之和

二、填空题

1. 三菱 FX 系列 PLC 所含元素的位元件有_____,字元件有_____。

2. PLC 的编程语言主要有_____、_____和_____。

3. PLC 通信系统按数据传输的方式可分为_____和_____。

4. PLC 的主要性能指标有_____、_____和_____

三、判断题

1. 在 PLC 的指令系统中,NOP 指令是一条空操作指令。　　　　　　（　　）

2. 继电器控制系统是按照循环扫描工作方式工作的。　　　　　　　（　　）

3. 三菱小型 PLC FX1N‑40MR 表示 PLC 模块的 I/O 点数为 50 个。　（　　）

4. 特殊功能辅助继电器 M8012 的功能是产生 100 ms 的时钟脉冲。　（　　）

5. 输出器件本身产生的滞后是引起 I/O 响应滞后的主要原因。　　　（　　）

四、简答题

1. 简述桥式起重机检测系统 PLC 控制的原理及控制过程。

2. PLC 控制系统的安装过程中应注意哪些问题?

3. PLC 与计算机之间是怎样进行通信的?

五、程序分析题

根据下列助记符语言画出梯形图。

0	LD	X000
1	OUT	Y000
2	LDI	X001
3	OUT	M100
4	OUT	TI K10
7	LD	T1
8	OUT	Y001
9	END	

六、程序设计题

设某工件加工过程分四道工序,共需 30 s,时序要求如下图所示。X0 为运行控制开关,X0 = ON 时,启动和运行;X0 = OFF 时,停机。而且每次启动均从第一道工序开始。试画出梯形图,写出输入输出分配表。

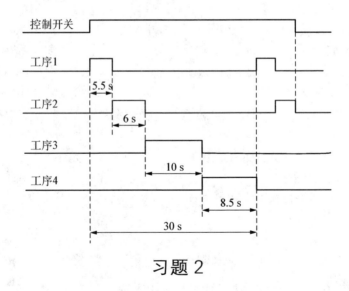

习题 2

一、选择题

1. 在 PLC 的工作过程中,如果某个软继电器的线圈接通,该线圈的所有常开和常闭接点是

_____ 。

A. 立即动作

B. 扫描到该接点时才会动作

C．输出刷新阶段才工作

2．如右图所示，按下起动按钮 X0，继电器 Y0 的线圈通电，其常开触点 Y0 闭合，由于常开触点 Y0 与起动按钮 X0 并联，所以即使松开起动按钮 X0，已经闭合的常开触点 Y0 仍然能使继电器 Y0 的线圈通电，这个常开触点称作_____触点。

A．串联　　　　　　　　B．并联　　　　　　　　C．互锁　　　　　　　　D．自锁

3．FX2N 系列 PLC 最多可提供 6 个外设中断源_____，每个中断源的中断请求信号连接到相应的高速输入端_____。

A．I00X～I50X　　　　B．I00X～I70X　　　　C．X0 - X5　　　　D．X0 - X7

4．特殊功能辅助继电器 M8012 功能是_____。

A．在 PLC 开始接通电源瞬时产生一个单脉冲（一个扫描周期）

B．PLC 运行时接通

C．产生 100 ms 时钟脉冲

二、填空题

1．扫描操作是最基本的 PLC 操作，也是 PLC 区别于其他控制系统的最典型的特征之一。一个扫描周期包含_____、_____和_____ 3 个阶段。但 PLC 采用集中 I/O 刷新方式，产生了 PLC 的输入输出响应滞后现象。软件方面主要采取_____、_____、_____等措施，以提高 I/O 的响应速度。在硬件方面，可选用快速响应模块、高速计数模块等。

2．PLC 的输出主要有 3 种形式：_____、_____和_____。

3．在程序执行阶段，PLC 对程序按顺序进行扫描，又称程序处理阶段。如果程序用梯形图表示，则总是按_____的顺序对由接点构成的控制线路进行逻辑运算。

三、判断题

1．在 PLC 的工作过程中，如果某个软继电器的线圈接通，该线圈的所有常开和常闭接点，会立即动作。　　　　　　　　　　　　　　　　　　　　　　　　　　　　　　　（　　　）

2．程序中插入 I/O 立即刷新指令以后，能够使其 I/O 响应时间小于一个扫描周期。（　　　）

3．程序执行中所需要的输入、输出状态，由输入映像寄存器区和输出映像寄存器区中读出。　　　　　　　　　　　　　　　　　　　　　　　　　　　　　　　　　　　（　　　）

4．FX2N - 48MR 主机的输入端子范围是 X0～X23，输出端子范围是 Y0～Y15。（　　　）

5．当执行到立即刷新指令时，可以立即改变输入映像寄存器和输出映像寄存器元素状态的值。　　　　　　　　　　　　　　　　　　　　　　　　　　　　　　　　　　　（　　　）

四、简答题

1．简述沥青摊铺机加热系统的 PLC 控制原理及过程。

2．怎样查找 PLC 控制系统的故障？

3．什么是并行通信？有何特点？

五、程序分析题

1. 根据以下梯形图写出助记符语言。

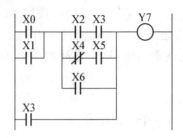

2. 根据下列助记符语言画出梯形图,并分析其功能。

0	LD	X12
1	OR	Y0
2	ANI	T10
3	OUT	Y0
4	LD	Y0
5	ANI	X12
6	OUT	T10
		K100

六、程序设计题

三相异步电动机的 PLC 控制设计(含接线图和梯形图语言):

模拟实际交流电机的控制运行。KM1,KM2 是两个控制电机正、反转的继电器,KMY,KM△是两个模拟控制电机 Y、△形接法的继电器,L1,L2,L3 和 L4 是控制信号指示灯,P01 按钮控制电机正转启动,P02 控制电机反转启动,P03 是停止按钮。

控制要求:

(1) 按下正向启动按钮 POI,电机即正向启动,继电器 KM1 工作。

(2) 按下反向启动按钮 P02,电机即反向启动,继电器 KM2 工作。

(3) 启动后,电机先模拟 Y 方式运行,继电器 KMY 工作,8 s 后变成△方式运行,继电器 KM△工作。

(4) 正向与反向之间可以随时切换,按下 P03 停止按钮,工作立即停止。

(5) KM1 和 KM2 不能同时接通否则会引起短路。

习题 3

一、选择题

1. I501 中断标号的含义是_____。

A. 外部中断 X5 上升沿产生的　　　　　　　　B. 外部中断 X5 下降沿产生的

C. 定时中断 X5 上升沿产生的　　　　　　　　D. 定时中断 X5 下降沿产生

2. _____ 不是 PLC 的特点。

A. 可靠性高、抗干扰能力强　　　　　　　　B. 线圈、触点并行工作，I/O 响应速度快

C. 编程简单，系统变更灵活　　　　　　　　D. 软、硬件设计分开，安装调试工作量小

3. 假设 D0 中所含数据是 1111111100000000B，那么 X0 按下，执行完下条指令后 D0 变为_____。

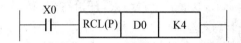

A. 0000111111110000　　　B. 1111000000000111　　　C. 1111000000001111

二、填空题

1. 开关量输出模块的输出形式有_____、_____和_____ 3 种。

2. PLC 是按照_____顺序扫描的。

3. 顺序功能图的结构有单序列、_____和_____ 3 种。

4. PLC 通信多采用_____介质，包括_____、_____和_____。

三、简答题

1. 简述混凝土搅拌站 PLC 控制系统的工作原理及控制过程。

2. 什么是全双工通信？

3. 什么是 PLC 内部软组件？

四、程序分析题

1. 根据以下梯形图写出助记符语言。

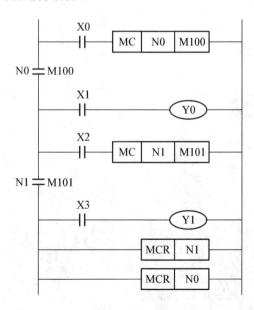

2. 梯形图如下所示,请根据 X0 和 X1 的波形画出 Y0 和 Y1 的波形图。

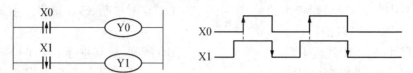

五、程序设计题

送料小车用异步电动机拖动,按钮 X0 和 X1 分别用来启动小车右行和左行。小车在限位开关 X3 处装料,如下图所示,10 s 后装料结束,开始右行,碰到 X4 后停下来卸料,10 s 后左行,碰到 X3 后又停下来装料,这样不停地循环工作,直到按下停止按钮 X2。画出 PLC 的外部接线图,用经验设计法设计小车送料控制系统的梯形图。

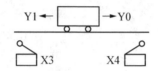

单片机基础习题

习题 1

一、填空题

1. MCS－51 单片机扩展程序存储器所用的控制信号为_____,扩展数据存储器所用的控制信号为_____和_____。

2. 关于堆栈类操作的两条指令分别是_____、_____,操作遵循_____原则。

3. _____寄存器的作用是用来保存程序运行过程中的各种状态信息。若累加器 A 中的数据为 01110010B,则 PSW 中的 P=_____。

4. 若 MCS－51 单片机采用 12 MHz 的晶振,它的机器周期为_____,ALE 引脚输出正脉冲频率为_____。

5. 要使 MCS－51 单片机从片内的地址 0000H 开始执行程序,EA 应_____。

6. 在片外扩展一片 2764 程序存储器芯片要_____地址线。

7. 外部中断 1（INT1）的中断入口地址为_____;定时器 1 的中断入口地址为_____。

8. 8751 有两个 16 位可编程定时/计数器,T0 和 T1。它们的功能可由控制寄存器_____、_____的内容决定,且定时的时间或计数的次数与_____、_____两个寄存器的初值有关。

9. 欲使 P1 口的低 4 位输出 0,高 4 位不变,应执行一条_____命令。

10. 串行口的控制寄存器 SCON 中,REN 的作用是_____。

二、判断题

1. 指令字节数越多,执行时间越长。 （ ）

2. 内部寄存器 Rn （n＝0—7）作为间接寻址寄存器。 （ ）

3. 当 MCS－51 上电复位时,堆栈指针 SP＝00H。 （ ）

4. CLR R0。 （ ）

5. EPROM 的地址线为 11 条时,能访问的存储空间有 4 kB。 （ ）

6. 51 单片机只能做控制用,不能完成算术运算。 （ ）

7. 为了消除按键的抖动,常用的方法只有硬件方法。 （ ）

8. 必须有中断源发出中断请求,并且 CPU 开中断,CPU 才可能响应中断。　　　　（　　）

9. 8155 的复位引脚可与 89C51 的复位引脚直接相联。　　　　（　　）

10. MCS‐51 的串行接口是全双工的。　　　　（　　）

三、简答题

1. 为什么外扩存储器时,P0 口要外接锁存器,而 P2 口却不接?

2. 已知一 MCS51 单片机系统使用 12 MHz 的外部晶体振荡器,计算:

   (1) 该单片机系统的状态周期与机器周期各为多少?

   (2) 当单片机的定时器 0 (T0) 工作在方式 2 时,T0 的最大定时时间为多少?

3. 在由 8031CPU 芯片设计的系统中,若规定外部中断 0 为电平触发方式,高优先级,此时,特殊功能寄存器 TCON, IE, IP 为多少?

4. 执行下列程序段中第一条指令后:

   (P1. 7)=＿＿＿＿＿,(P1. 3)=＿＿＿＿＿,(P1. 2)=＿＿＿＿＿;

   执行第二条指令后:

   (P1. 5)=＿＿＿＿＿,(P1. 4)=＿＿＿＿＿,(P1. 3)=＿＿＿＿＿。

   ```
   ANL  P1,♯73H
   ORL  P1,♯38H
   ```

习题 2

一、填空题

1. 单片机(计算机)在进行＿＿＿＿＿运算的情况下应使用补码。

2. 单片机位寻址区的单元地址是从＿＿＿＿＿单元到＿＿＿＿＿单元,若某位地址是 09H,它所在单元的地址应该是＿＿＿＿＿。

3. 通常,单片机上电复位时 PC=＿＿＿＿＿H, SP=＿＿＿＿＿H。

4. 单片机内部与外部 ROM 之间的查表指令是＿＿＿＿＿＿＿＿。

5. DA 指令是＿＿＿＿＿指令,它只能紧跟在＿＿＿＿＿指令后使用。

6. 当 P1 口做输入口输入数据时,必须先向该端口的锁存器写入＿＿＿＿＿,否则输入数据可能出错。

7. 中断源的优先级别分为高级和低级两大级别,各中断源的中断请求是属于什么级别是由＿＿＿＿＿寄存器的内容决定的。

8. 寄存器 PSW 中的 RS1 和 RS0 的作用是＿＿＿＿＿。

9. LED 数码显示有＿＿＿＿＿和＿＿＿＿＿两种显示形式。

10. 当单片机 CPU 响应中断后,程序将自动转移到该中断源所对应的入口地址处,并从该地址开始继续执行程序,通常在该地址处存放转移指令以便转移到中断服务程序。其中 INT1 的入口地址为＿＿＿＿＿,串行口入口地址为＿＿＿＿＿,T0 的入口地址为＿＿＿＿＿。

11. 扩展并行 I/O 口时,常采用_____和_____可编程芯片。

二、选择题

1. PSW＝18H 时,则当前工作寄存器是_____。

    A. 0 组   B. 1 组   C. 2 组   D. 3 组

2. MOVX A,@DPTR 指令中源操作数的寻址方式是_____。

    A. 寄存器寻址   B. 寄存器间接寻址   C. 直接寻址   D. 立即寻址

3. MCS－51 有中断源_____个。

    A. 5   B. 2   C. 3   D. 6

4. MCS－51 上电复位后,SP 的内容应为_____。

    A. 00H   B. 07H   C. 60H   D. 70H

5. 执行以下程序,当 CPU 响应外部中断 0 后,PC 的值是_____。

```
ORG   0003H
LJMP  2000H
ORG   000BH
LJMP  3000H
```

    A. 0003H   B. 2000H   C. 000BH   D. 3000H

6. 控制串行口工作方式的寄存器是_____。

    A. TCON   B. PCON   C. SCON   D. TMOD

7. 执行 PUSH ACC 指令,MCS－51 完成的操作是_____。

    A. SP＋1 SP,ACC SP   B. ACC SP,SP－1 SP

    C. SP－1 SP,ACC SP   D. ACC SP,SP＋1 SP

8. P1 口的每一位能驱动_____。

    A. 2 个 TTL 低电平负载   B. 4 个 TTL 低电平负载

    C. 8 个 TTL 低电平负载   D. 10 个 TTL 低电平负载

9. PC 中存放的是_____。

    A. 下一条指令的地址   B. 当前正在执行的指令

    C. 当前正在执行指令的地址   D. 下一条要执行的指令

10. 要使 MCS－51 能响应定时器 T1 中断,串行接口中断,它的中断允许寄存器 IE 的内容应是_____。

    A. 98H   B. 84H   C. 42H   D. 22H

三、判断题

1. 我们所说的计算机实质上是计算机的硬件系统和软件系统的总称。 （　　）

2. MCS－51 的程序存储器只能用来存放程序。 （　　）

3. TMOD 中 GATE＝1 时,表示由两个信号控制定时器的启停。 （　　）

4. 当 MCS－51 上电复位时,堆栈指针 SP＝00H。 （　　）

5. MCS-51的串口是全双工的。 （   ）

6. MCS-51的特殊功能寄存器分布在60H~80H地址范围内。 （   ）

7. 相对寻址方式中，"相对"两字是相对于当前指令的首地址。 （   ）

8. 各中断源发出的中断请求信号，都会标记在MCS-51系统中的TCON中。 （   ）

9. 必须进行十进制调整的十进制运算只有加法和减法。 （   ）

10. 执行返回指令时，返回的断点是调用指令的首地址。 （   ）

四、程序分析题

　　以下程序是A/D转换应用程序，可实现多路模拟量输入的巡回检测，采样数据存放在片内RAM单元中。

	ORG	0000H	
	AJMP	MAIN	
	ORG	0013H	;该地址是（ ）地址
	AJMP	INT1	
MAIN:	MOV	R0,♯78H	;78是（ ）地址
	MOV	R2,♯08H	
	SETB	IT1	;该指令的作用是（ ）
	SETB	EA	
	SETB	EX1	;允许INT1中断
	MOV	DPTR,♯6000H	;♯6000H是（ ）地址
	MOV	A,♯00H	;A的内容对转换结果（ ）影响
LOOP:	MOVX	@DPTR,A	;该指令的作用是（ ）
HERE:	SJMP	HERE	
	DJNZ	R2, LOOP	
INT1:	MOVX	A,@DPTR	;当（ ）时,程序将运行到此处
	MOV	@R0,A	
	INC	DPTR	;DPTR加1的目的是（ ）
	INC	R0	
	RETI		;该返回指令执行后将返回到（ ）指令处

　　连续运行该程序的结果将是_____。

习题3

一、填空题

1. 计算机中，最常用的字符信息编码是_____。

2. MCS-51系列单片机为_____位单片机。

3. 若不使用 MCS-51 片内存储器引脚,必须接_____。

4. 8051 单片机有两种复位方式,即上电复位和手动复位。复位后 SP=_____,
PC=_____, PSW=_____, P0=_____。

5. 在 MCS-51 中,PC 和 DPTR 都用于提供地址,PC 为访问_____存储器提供地址,而
DPTR 是为访问_____存储器提供地址。

6. MCS-51 单片机系列有_____个中断源,可分为_____个优先级。

7. 假定(A)=85H,(R0)=20H,(20H)=0AFH,执行指令 ADD A,@R0 后,累加器 A
的内容为_____,CY 的内容为_____,OV 的内容为_____。

8. A/D 转换器的作用是将_____量转为_____量。

9. LED 数码显示按显示过程分为_____显示和_____显示两种。

10. 用汇编语言指令编写的程序,应该称作_____程序,经过汇编的程序应该称作____
____。

二、选择题

1. 采用 8031 单片机必须扩展_____。
   A. 数据存储器 　　　B. 程序存储器 　　　C. I/O 接口 　　　D. 显示接口

2. PSW=18H 时,则当前工作寄存器是_____。
   A. 0 组 　　　　　　B. 1 组 　　　　　　C. 2 组 　　　　　　D. 3 组

3. 执行 PUSH ACC 指令,MCS-51 完成的操作是_____。
   A. SP+1→SP (ACC)→(SP) 　　　B. (ACC)→(SP) SP-1→SP
   C. SP-1→SP (ACC)→(SP) 　　　D. (ACC)→(SP) SP+1→SP

4. MOV C,20H.0 的操作方式是_____。
   A. 位寻址 　　　　　B. 直接寻址 　　　　C. 立即寻址 　　　　D、寄存器寻址

5. 下列指令不是变址寻址方式的是_____。
   A. JMP @A+DPTR 　　　　　　　B. MOVC A,@A+PC
   C. MOVX A,@DPTR 　　　　　　　D. MOVC A,@A+DPTR

6. 外部中断 1 固定对应的中断入口地址为_____。
   A. 0003H 　　　　　B. 0000BH 　　　　C. 0013H 　　　　D. 001BH

7. 对程序存储器的读操作,只能用_____。
   A. MOV 指令 　　　B. PUSH 指令 　　　C. MOVX 指令 　　　D. MOVC 指令

8. 8031 定时/计数器共有 4 种操作模式,由 TMOD 寄存器中 M1 M0 的状态决定,当 M1
M0 的状态为 01 时,定时/计数器被设定为_____。
   A. 13 位定时/计数器。
   B. T0 为 2 个独立的 8 位定时/计数器,T1 停止工作。
   C. 自动重装 8 位定时/计数器。
   D. 16 位定时/计数器。

9. 在进行串行通信时,若两机的发送与接收可以同时进行,则称为_____。

A. 半双工传送　　　　B. 单工传送　　　　C. 双工传送　　　　D. 全双工传送

10. 下列指令中错误的有_____。

    A. CLR　A　　　　　　　　　　　　B. MOVC　@DPTR,A

    C. MOV　　P,A　　　　　　　　　　D. JBC　TF0,LOOP

三、简答题

1. 存储器的容量如下所示,若它的首地址为 0000H,那么:

    (1) 存储容量 1 kB,末地址为多少?

    (2) 存储容量 4 kB,末地址为多少?

2. DPTR 是什么寄存器?它的作用是什么?它是由哪几个寄存器组成?

3. (A)=3BH,执行 ANL　A,#9EH 指令后,(A)=? (CY)=?

4. MCS-51 采用 6 MHz 的晶振,定时 0.5 ms,如用定时器方式 1 时的初值(16 进制数)应为多少?(写出计算过程)

四、程序阅读题

写出下列程序每步的运行结果。

```
ORG 0000H
MOV DPTR,        #1234H
MOV R0,          #32H
INC  DPTR
DEC R0
MOV A,           #56H
MOVX @DPTR,      A
MOV @R0,         A
ADD A,           #23H
MOV 40H,         A
CPL              A
RL               A
SETB             C
RRC              A
ANL A,           40H
ORL A,           #0FFH
MOV 50H,         A
END
```

附录 A
FX 系列 PLC 实训设备及编程软件的使用

一、实验设备配置

1. PLC	三菱 FX2N - 48MR	1 台
2. 通讯电缆	SC - 09	1 根
3. PLC 教学实验系统	PLC - II	1 台
4. 微机	586 以上，WIN98 或 2000，ROM - 16M	1 台
5. 编程软件包	FXGP/WIN - C	1 套

二、设备介绍

1. PLC 三菱(MITSUBISHI) FX2N - 48MR

该 PLC 是由电源＋CPU＋输入输出＋程序存储器(RAM)的单元型 PLC。主机称为基本单元，备有可扩展其输入输出点的扩展单元(电源＋I/O)和扩展模块(I/O)，此外，还可连接扩展设备，用于特殊控制。

2. PLC 教学实验系统(PLC-II)

PLC-II 型 PLC 教学实验系统由实验箱、PLC、微机 3 部分构成，如附图 1 所示。其中，实验箱为 PLC 提供：

● 开关量输入信号 DJS1。

● 单脉冲(PO1～PO6)。

● 开关量灯显示(INPUT OUTPUT 共 48 点)。

● 输入、输出端子(接 PLC 输入、输出)。

附图 1 PLC 教学实验系统

微机用于编程、提供动画片界面，使编程、调试更加方便。PLC 教学实验箱主要为 PLC 提供电源、各类实验区的硬件，为实验项目提供输入信号和输出显示(输入输出均为 24 V DC 值)，以及少量传感仿真信号。

PLC-Ⅱ型 PLC 教学实验系统流程:分析被控对象→编程输入程序→连接实验线路→运行 PLC 程序(运行实验辅助程序)→观察现象。

3. 设备连接

首先将通讯电缆(SC-09)的 9 芯型插头插入微机的串行口插座(以下假定为端口 2,此工作由实验室完成),再将通讯电缆的圆形插头插入编程插座,最后将 220 V 交流电源线接上,打开开关即可工作。

4. 安装 FXGP-WIN-C 编程软件

将存有 MELSEC-F/FX 系统编程软件的软盘插入软驱,在 Windows 条件下起动安装进入 MELSEC-F/FX 系统,选择 FXGP-WIN-C 文件双击鼠标左键,出现如附图 2 所示界面方可进入编程。

附图 2　编程软件界面

三、FXGP-WIN-C 编程软件的应用

FXGP-WIN-C 编程软件的界面介绍如附图 3 所示:

(1) 当前编程文件名　例如,标题栏中的文件名 untit101。

(2) 菜单　包括文件(F)、编辑(E)、工具(T)、PLC、遥控(R)、监控/测试(M)等。

(3) 快捷功能键　包括保存、打印、剪切、转换、元件名查、指令查、触点/线圈检查、刷新等。

(4) 当前编程工作区　编辑用指令(梯形图)形式表示的程序。

(5) 当前编程方式　梯形图。

(6) 状态栏　梯形图。

(7) 快捷指令　包括 F5 常开、F6 常闭、F7 输入元件、F8 输入指令等。

(8) 功能图　包括常开、常闭、输入元件、输入指令等。

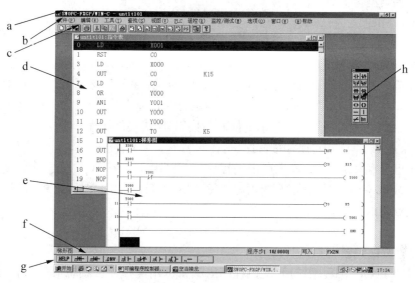

附图 3　编程软件界面介绍

　　FXGP－WIN－C(以下统一用简称 FXGP)的各种操作主要靠菜单来选择。当文件处于编辑状态时,用鼠标点击想要选择的菜单项。如果该菜单项还有子菜单,鼠标下移,根据要求选择子菜单项;如果该菜单项没有下级子菜单,则该菜单项就是一个操作命令,单击即执行命令。

四、设置编辑文件的路径

　　首先应该设置文件路径,所有用户文件都在该路径下存取。假设设置 D:\PLC＊为文件存取路径,操作步骤:首先打开 Windows 界面进入"我的电脑",选中 D 盘,新建一个文件夹,取名为[PLC1]确认;然后进入 FXGP 编程软件。

五、编辑文件的正确进入及存取

　　正确路径确定后,可以进入编程、存取状态。

　　打开 FXGP 编程软件,点击"文件"子菜单〈新文件〉或点击常用工具栏图标 弹出"PLC 类型设置"对话框,选择机型。本书讲述 FX1N,FX2N 两种机型,实验使用时,根据实际确定机型,选中 FX2N,然后【确认】,就可进入编辑程序状态。

　　注:这时编程软件会自动生成一个"SWOPC－FXGP/WIN－C－UNTIT＊＊＊"的文件名,在这个文件名下可编辑程序。

　　文件完成编辑后进行保存:点击"文件"子菜单"另存为",弹出"File Save As"对话框,在"文件名"中能见到自动生成的"SWOPC－FXGP/WIN－C－UNTIT＊＊＊"文件名,这是编辑文件用的通用名,在保存文件时可以使用。但建议一般不使用此类文件名,以避免出错。而在"文件名"框中输入一个带有保存文件类型特征的文件名。

保存文件类型特征的文件名有 3 个：

（1）Win Files(＊.pmw)；

（2）Dos Files(＊.pmc)；

（3）All Files(＊.＊)。

一般选第一种类型。例如，先擦去自动生成的"文件名"，然后在"文件名"框中输入 ABC.pmw，555.pmw，新潮.pmw 等，单击【确定】按钮，弹出"另存为"对话框，在"文件题头名"框中输入一个自己认可的名字，单击【确定】按钮，完成文件保存。

注：如果点击工具栏中"保存"按键只是在同名下保存文件。

要打开已经存在的文件，首先点击编程软件 FXGP‑WIN‑C，在主菜单"文件"下选中"打开"弹出"File Open"对话框，选择正确的驱动器、文件类型和文件名，单击【确定】按钮即可进入以前编辑的程序。

六、文件程序编辑

正确进入 FXGP 编程系统后，文件程序的编辑可用两种编辑状态形式：指令表编辑、梯形图编辑。

1. 指令表编辑程序

"指令表"编辑状态时，可以用指令表形式编辑一般程序。例如，输入下面一段程序：

step	instruction	I/O
0	LD	X000
1	OUT	Y000
2	END	

操作步骤：

（1）点击菜单"文件"中的"新文件"或"打开"选择 PLC 类型设置，选择 FX1N 或 FX2N 后确认，弹出"指令表"（若未弹出，可从菜单"视图"内选择"指令表"）。

建立新文件，进入"指令编辑"状态，进入输入状态，光标处于指令区，步序号由系统自动填入。

（2）键入"LD"[空格]（也可以键入[F5]），键入"X000"，[回车]；输入第一条指令（快捷方式输入指令），输入第一条指令元件号，光标自动进入第二条指令；输入第二条指令（快捷方式输入指令），键入"Y000"，[回车]。

（3）键入"OUT"[空格]（可以键入[F9]）。

（4）键入"END"，[回车]。

输入结束指令，无元件号，光标下移。

注：程序结束前必须输入结束指令（END）。

"指令表"程序编辑结束后，应该进行程序检查，FXGP 能提供自检。单击"选项"下拉子菜单，选中"程序检查"弹出"程序检查"对话框，根据提示，可以检查是否有语法错误、电路错误以及双线圈检验。检查无误可以进行下一步的操作。

2. "梯形图"编辑程序

梯形图编辑状态下,可以用梯形图形式编辑程序。例如,输入下面一段梯形图:

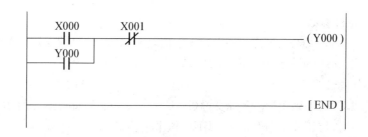

操作步骤

(1) 点击菜单"文件"中的"新文件"或"打开"选择 PLC 类型设置,选择 FX2N 后确认,弹出"梯形图"(若未弹出,可从菜单"视图"内选择"梯形图")。

建立新文件,进入"梯形图编辑"状态,进入输入状态,光标处于元件输入位置。

(2) 将小光标移到左边母线最上端处,确定状态元件输入位置。

(3) 按[F5]或点击右边的功能图中的"常开",弹出"输入元件"对话框,输入一个元件"常开"触点。

(4) 键入"X000"[回车],输入元件的符号"X000"。

(5) 按[F6]或点击功能图中的常闭,弹出"输入元件"对话框,输入一个元件"常闭"触点。

(6) 键入"X001"[回车],输入元件的符号"X001"。

(7) 按[F7]或点击功能图中的输出线圈,输入一个输出线圈。

(8) 键入"Y000"[回车],输入线圈符号"Y000"。

(9) 点击功能图中带有连结线的常开,弹出"输入,元件"对话框,输入一个并联的常开触点。

(10) 键入"Y000"[回车],输入一个线圈的辅助常开的符号"Y000"。

(11) 按"F8"或点击功能图中的"功能"元件,"—[　]—",弹出"输入元件"对话框,输入一个"功能元件"。

(12) 键入"END"[回车]。

输入结束符号。

注:程序结束前必须输入结束指令(END)。

"梯形图"程序编辑结束后,应该进行程序检查,FXGP 能提供自检。单击"选项"下拉子菜单,选中"程序检查"弹出"程序检查"对话框,根据提示可以检查是否有语法错误、电路错误以及双线圈检验。然后进行下一步"转换"、"传送"、"运行"。

注:"梯形图"编辑程序必须经过"转换"成指令表格式才能被 PLC 认可运行。但有时输入的梯形图无法将其转换为指令格式。

用鼠标点击快捷功能键"转换",将"梯形图"转换成"指令表"格式或者点击工具栏的下拉菜单"转换"。

梯形图编程比较简单、明了,接近电路图,所以一般 PLC 程序都用梯形图来编辑,然后,转换成指令表,下载运行。

七、设置通讯口参数

在 FXGP 中将程序编辑完成后和 PLC 通讯前,应设置通讯口的参数。如果只是编辑程序,不和 PLC 通讯,可以不做此步。设置通讯口参数,分两个步骤。

1. PLC 串行口设置

点击菜单"PLC"的子菜单"串行口设置(D8120)[e]",弹出如附图 4 所示对话框。检查是否一致,如果不对,修正完后【确认】返回菜单做下一步。

注:串行口设置一般已由厂方设置完成。

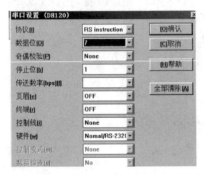

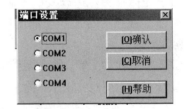

附图 4 串行口设置对话框　　　　**附图 5** 端口设置对话框

2. PLC 的端口设置

点击菜单"PLC"的子菜单"端口设置[e]"弹出如附图 5 所示对话框。根据 PLC 与 PC 连接的端口号,选择 COM1~COM4 中的一个,完成后确认返回菜单。

注:PLC 的端口设置也可以在编程前进行。

八、FXGP 与 PLC 之间的程序传送

程序编辑好后,要把程序下传到 PLC 中去。程序只有在 PLC 中才能运行,也可以把 PLC 中的程序上传到 FXGP 中来。在 FXGP 和 PLC 之间进行程序传送之前,应该先用电缆连接好 PC‐FXGP 和 PLC。

1. 把 FXGP 中的程序下传到 PLC 中

若 FXGP 中的程序用指令表编辑即可直接传送,如果用梯形图编辑的则要求转换成指令表才能传送,因为 PLC 只识别指令。

点击菜单"PLC"的二级子菜单"传送"→"写出",弹出对话框,有两个选择"所有范围"、"范围设置"。

(1)所有范围　即状态栏中显示的"程序步"(FX2N‐8000,FX0N‐2000)会全部写入 PLC,时间比较长。此功能可以用来刷新 PLC 的内存。

（2）范围设置　先确定"程序步"的"起始步"和"终止步"的步长，然后把确定的步长指令写入 PLC，时间相对比较短。

程序步的长短都在状态栏中明确显示。在"状态栏"会出现"程序步"（或"已用步"）、写入（或插入）FX2N 等字符，选择完确认。如果这时 PLC 处于"RUN"状态，通讯不能进行，屏幕会出现"PLC 正在运行，无法写入"的文字说明提示，这时应该先将 PLC 的"RUN，STOP"的开关拨到"STOP"，或点击菜单"PLC"的"遥控运行/停止[0]"（遥控只能用于 FX2N 型），然后才能进行通讯。进入 PLC 程序写入过程，这时屏幕会出现闪烁"写入 Please wait a moment"等提示符。

"写入结束"后自动"核对"，核对正确才能运行。

注：这时的"核对"只是核对程序是否写入了 PLC，对电路的正确与否由 PLC 判定，与通讯无关。

若"通讯错误"提示符出现，可能有两个问题要检查：

第一，状态检查中看"PLC 类型"是否正确。例如，运行机型是 FX2N，但设置的是 FX0N，就要更改成 FX2N。

第二，PLC 的"端口设置"是否正确，即 COM 口。

排除这两个问题后，重新"写入"直到"核对"完成，表示程序已输送到 PLC 中。

2. 把 PLC 中的程序上传到 FXGP

设置好通讯端口，点击"PLC"子菜单"读入"，弹出"PLC 类型设置"对话框，选择 PLC 类型，确认读入开始。结束后，状态栏中显示程序步数，这时在 FXGP 中可以阅读 PLC 中的运行程序。

注：FXGP 和 PLC 之间的程序传送，有可能原程序会被当前程序覆盖，假如不想覆盖原有程序，应该注意文件名的设置。

九、程序的运行与调试

1. 程序运行

程序写入 PLC 后就可以在 PLC 中运行了。使 PLC 处于 RUN 状态（可用手拨 PLC 的"RUN/STOP"开关到"RUN"档，FX0N，FX2N 都适合；也可用遥控使 PLC 处于 RUN 状态，只适合 FX2N 型），再通过实验系统的输入开关输入给定信号，观察 PLC 输出指示灯，验证是否符合编辑程序的电路逻辑关系。如果有问题，还可以通过 FXGP 提供的调试工具来确定问题、解决问题。

例：运行验证程序。

编辑、传送、运行下列程序。

步骤：

（1）梯形图方式编辑，然后转换成指令表程序。

（2）程序写入 PLC，在写入时 PLC 应处于"STOP"状态。

（3）PLC 中的程序在运行前应使 PLC 处于"RUN"状态。

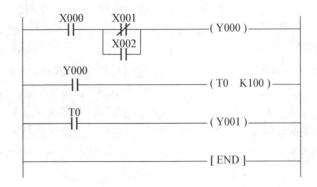

(4) 输入给定信号,观察输出状态,可以验证程序的正确性。

操作步骤	观察
闭合 X000 断开 X001	Y000 应该动作
闭合 X000 闭合 X002	Y000 应该动作
断开 X000	Y000 应该不动作
闭合 X000、闭合 X001、断开 X002	Y000 应该不动作
Y000 这条电路正确	
Y000 动作 10 s 后 T0 定时器触点闭合,	Y001 应该动作
T0,Y001 电路正确	

2. 程序调试

程序写入 PLC 后,按照设计要求可用 FXGP 调试 PLC 程序。如果有问题,可以通过 FXGP 提供的调试工具来确定问题所在。监控/测试包括:

(1) 开始监控　在 PLC 运行时,通过梯形图程序显示各位元件的动作情况,如附图 6 所示。X000 闭合、Y000 线圈动作、T0 计时到、Y001 线圈动作时,均可观察到动作的每个元件位置上出现翠绿色光标,表示元件改变了状态。利用"开始监控"可以实时观察程序运行。

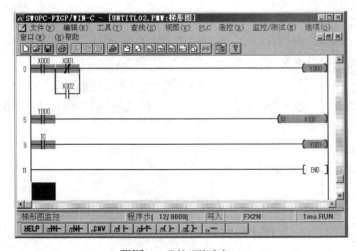

附图 6　监控/测试窗口

（2）进入元件监控 如附图 7 所示，当指定元件进入监控（在"进入元件监控"对话框中输入元件号），就可以知道元件改变状态的过程。例如，T0 定时器当前值增加到和设置的一致，状态发生变化，这一过程在对话框中看到。

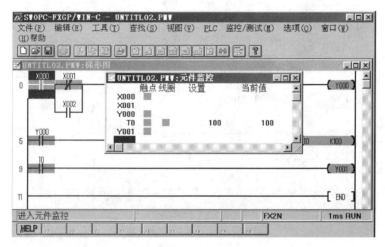

附图 7 元件监控

（3）强制 Y 输出 如附图 8 所示，如果在程序运行中需要强制某个输出端口 Y 输出"ON"或"OFF"，可以在"强制 Y 输出"的对话框中输入 Y 元件号，选择"ON"或"OFF"状态，确认后，元件保持"强制状态"一个扫描周期，同时附图 8 界面也能清楚显示已经执行过的状态。

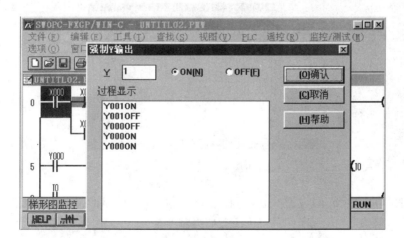

附图 8 强制 Y 输出

（4）强制 ON/OFF 强制 ON/OFF 相当于执行了一次 SET/RST 指令或是一次数据传递指令。对那些在程序中其线圈已经被驱动的元素，强制"ON/OFF"状态只有一个扫描周期，从 PLC 的指示灯上并不能看到效果。

如附图 9 和 10 所示,选 T0 元件作强制对象,可看到在没有选择任何状态(设置/重新设置)条件下,只有当 T0 的"当前值"与"设置"的值一致时 T0 触点才能工作。

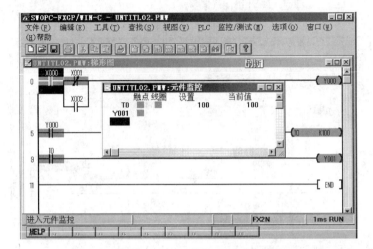

附图 9 T0 元件作强制对象

附图 10 程序运行

如果选择"ON/OFF"的设置状态,当程序开始运行,T0 计时开始时,只要确认"设置",计时立刻停止,触点工作(程序中的 T0 状态被强制改变)。

如果选择"ON/OFF"的重新设置状态,当程序开始运行,T0 计时开始时,只要确认"重新设置",当前值立刻被刷新,T0 恢复起始状态。T0 计时,重新开始。

调试中还可以调用 PLC 诊断,简单观察诊断结果。调试结束,关闭"监控/测试",程序进入运行。

注:"开始监控"、"进入元件监控"可以实时监控元件的动作。

（5）改变当前值　如附图 11 所示，"当前值"被改动。例如 K100 改为 K58，在程序运行状态下，确认，则 T0 从常数 K58 开始计时，而不是从零开始计时。这在元件监控对话框可以反应出来，同时在改变当前值的对话框的"过程显示"中也能观察到。

注：改变当前值在程序调试中可用于瞬时观察。

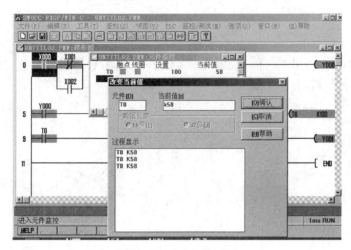

附图 11　改变"当前值"

（6）改变设置值　程序运行监控中，如果要改变光标所在位置的计数器或计时器的输出命令状态，只需在"改变设置值"对话框中输入要改变的值，则该计数器或计时器的设置值被改变，输出命令状态亦随之改变。如附图 12 和 13 所示，T0 原设置值为"K100"，在"改变设置值"对话框中改为"K10"，确认，则 T0 的设置值变为"K10"。

改变设置值在程序调试中是比较常用的方法。

注：该功能仅在监控线路图时有效。

附图 12　改变 T0 原设置值

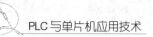

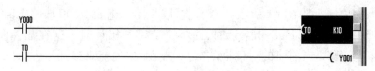

附图 13 改变 T0 设定值后的程序图

十、退出系统

完成程序调试后、退出系统前,应该先核定程序文件名后再将其存盘,然后关闭 FXGP 所有应用子菜单显示图,退出系统。

附录 B

FX2N 系列 PLC 功能指令一览表

分类	功能号	指令符号	功能	D指令	P指令	程序步
程序流	00	CJ	条件跳转	—	○	3
	01	CALL	子程序调用	—	○	3
	02	SRET	子程序返回	—	—	1
	03	IRET	中断返回	—	—	1
	04	EI	开中断	—	—	1
	05	DI	关中断	—	—	1
	06	FEND	主程序结束	—	—	1
	07	WDT	监控定时器刷新	—	○	1
	08	FOR	循环开始	—	—	3
	09	NEXT	循环结束	—	—	1
传送比较	10	CMP	比较	○	○	7/13
	11	ZCP	区间比较	○	○	9/17
	12	MOV	传送	○	○	5/9
	13	SMOV	移位传送	—	○	11
	14	CML	取反传送	○	○	5/9
	15	BMOV	块传送	—	○	7
	16	FMOV	多点传送	○	○	7
	17	XCH	交换	○	○	5/9
	18	BCD	BCD 变换	○	○	5/9
	19	BIN	BIN 变换	○	○	5/9
四则逻辑运算	20	ADD	BIN 加法	○	○	7/13
	21	SUB	BIN 减法	○	○	7/13
	22	MUL	BIN 乘法	○	○	7/13
	23	DIV	BIN 除法	○	○	7/13
	24	INC	BIN 加 1	○	○	3/5
	25	DEC	BIN 减 1	○	○	3/5
	26	WAND	字逻辑与	○	○	7/13
	27	WOR	字逻辑或	○	○	7/13
	28	WXOR	字逻辑异或	○	○	7/13
	29	NEG	求二进制补码	○	○	3/5

分类	功能号	指令符号	功能	D 指令	P 指令	程序步
旋转移位	30	ROR	右循环	○	○	5/9
	31	ROL	左循环	○	○	5/9
	32	RCR	带进位右循环	○	○	5/9
	33	RCL	带进位左循环	○	○	5/9
	34	SFTR	位右移	○	○	9
	35	SFTL	位左移	—	○	9
	36	WSFR	字右移	—	○	9
	37	WSFL	字左移	—	○	9
	38	SFWR	FIF0 写入	—	○	7
	39	SFRD	FIF0 读出	—	○	7
数据处理	40	ZRST	区间复位	—	○	5
	41	DECO	解码	—	○	7
	42	ENCO	编码	—	○	7
	43	SUM	ON 位总数	○	○	7/9
	44	BON	ON 位判别	○	○	7/9
	45	MEAN	平均值	○	○	7
	46	ANS	报警器置位	—	—	7
	47	ANR	报警器复位	—	○	1
	48	SQR	BIN 开方根	○	○	5/9
	49	FLT	浮点数与十进制数	○	○	5/9
高速处理	50	REF	输入输出刷新	—	○	5
	51	REFF	滤波器调整	—	○	3
	52	MTR	矩阵输入	—	—	9
	53	HSCS	高速计数器比较置位	○	—	13
	54	HSCR	高速计数器比较置位	○	—	13
	55	HSZ	高速计数器区间比较	○	—	17
	56	SPD	速度检测	—	—	7
	57	PLSY	脉冲输出	○	—	7/13
	58	PWM	脉宽调制	—	—	7
	59	PLSR	带加减速的脉冲输出	○	—	9/17
方便指令	60	IST	初始化状态	—	—	7
	61	SER	数据查找	○	○	9/17
	62	ABSD	绝对值凸轮控制	○	—	9
	63	INCD	增量式凸轮控制	—	—	9
	64	TTMR	示教定时器	—	—	5
	65	STMR	特殊定时器	—	—	7
	66	ALT	交替输出	—	—	3
	67	RAMP	斜坡信号输出	—	—	9

续 表

分类	功能号	指令符号	功能	D指令	P指令	程序步
	68	ROTC	旋转工作台控制	—	—	9
	69	SORT	数据排序	—	—	11
外部设备 I/O	70	TKY	0—9 数字键输入	○	—	9/17
	71	HKY	16 键输入	○	—	9/17
	72	DSW	数字开关	—	—	9
	73	SEGD	7 段译码	—	○	5
	74	SEGL	带锁存的 7 段显示	—	—	7
	75	ARWS	矢量开关	—	—	9
	76	ASC	ASCII 码转换	—	—	7
	77	PR	ASCII 码打印输出	—	—	5
	78	FROM	特殊功能模块读出	○	○	9/17
	79	TO	特殊功能模块写入	○	○	9/17
外部设备 SER	80	RS	串行数据传送	—	—	5
	81	PRUN	并联运行	○	○	5/9
	82	ASCI	HEX→ASCII 码转换	—	○	7
	83	HEX	ASCII 码→HEX	—	○	7
	84	CCD	校验码	—	○	7
	85	VRRD	电位器读出	—	○	5
	86	VRSC	电位器刻度	—	○	5
	88	PID	PID 回路运算	—	—	9
浮点数运算	110	ECMP	二进制浮点数比较	○	○	
	111	EZCP	二进制浮点数区间比较	○	○	
	118	EBCD	二进制浮点数→十进制浮点数	○	○	
	119	EBIN	十进制浮点数→二进制浮点数	○	○	
	120	EADD	二进制浮点数加法	○	○	
	121	ESUB	二进制浮点数减法	○	○	
	122	EMUL	二进制浮点数制乘法	○	○	
	123	EDIV	二进制浮点数除法	○	○	
	127	ESQR	二进制浮点数开方	○	○	
	129	INT	二进制浮点数→二进制整数	○	○	
	130	SIN	二进制浮点数正弦函数	○	○	
	131	COS	二进制浮点数余弦函数	○	○	
	132	TAN	二进制浮点数正切函数	○	○	
位置控制	147	SWAP	高低字节变换	○	○	
	155	ABSD	读当前绝对位置	○		
	156	ZRN	返回原点	○		
	157	PLSV	变速脉冲输出	○	—	
	158	DRVI	相对定位	○	—	

分类	功能号	指令符号	功能	D指令	P指令	程序步
	159	DRVA	绝对定位	○	—	
时间运算	160	TCMP	时钟数据比较	○	○	
	161	TZCP	时钟数据区间比较	—	○	
	162	TADD	时钟数据加法	—	○	
	163	TSUB	时钟数据减法	—	○	
	166	TRD	时钟数据读出	—	○	
	167	TWR	时钟数据写入	—	○	
	169	HOUR	小时定时器	○	—	
变换	170	GRY	二进制数→格雷码变换	○	○	
	171	GBIN	格雷码→二进制数变换	○	○	
	176	RD3A	读 FXON - 3A 模拟块	○		
	177	WR3A	写 FXON - 3A 模拟块	○		
触点比较	224	LD＝	(s1)＝(S2)时运开始的触点接通	○	—	
	225	LD＞	(s1)＞(S2)时运开始的触点接通	○	—	
	226	LD＜	(s1)＜(S2)时运开始的触点接通	○	—	
	228	LD＜＞	(s1)≠(S2)时运开始的触点接通	○	—	
	229	LD≤	(s1)≤(S2)时运开始的触点接通	○	—	
	230	LD≥	(s1)≥(S2)时运开始的触点接通	○		
	232	AND＝	(s1)＝(S2)时运开始的触点接通	○	—	
	233	AND＞	(s1)＞(S2)时运开始的触点接通	○	—	
	234	AND＜	(s1)＜(S2)时运开始的触点接通	○	—	
	236	AND＜＞	(s1)≠(S2)时运开始的触点接通	○	—	
	237	AND≤	(s1)≤(S2)时运开始的触点接通	○	—	
	238	AND≥	(s1)≥(S2)时运开始的触点接通	○		
	240	OR＝	(s1)＝(S2)时运开始的触点接通	○	—	
	241	OR＜	(s1)＞(S2)时运开始的触点接通	○	—	
	242	OR＜	(s1)≤(S2)时运开始的触点接通	○	—	
	244	OR＜＞	(s1)≠(S2)时运开始的触点接通	○	—	
	245	OR≤	(s1)≤(S2)时运开始的触点接通	○	—	
	246	OR≥	(s1)≥(S2)时运开始的触点接通	○	—	

注:① "○"表示该系列 PLC 可以执行该功能指令或可以处理 32 位数据,或具有脉冲指行方式。
　② "—"表示该系列 PLC 不可以执行该功能指令或不可以处理 32 位数据,或不具有脉冲执行方式。

附录 C

ASCII 码字符表

ASCII 码	键盘	ASCII 码	键盘	ASCII 码	键盘	ASCII 码	键盘
27	ESC	32	SPACE	33	!	34	"
35	#	36	$	37	%	38	&
39	'	40	(	41	)	42	*
43	+	44	'	45	-	46	.
47	/	48	0	49	1	50	2
51	3	52	4	53	5	54	6
55	7	56	8	57	9	58	:
59	;	60	<	61	=	62	>
63	?	64	@	65	A	66	B
67	C	68	D	69	E	70	F
71	G	72	H	73	I	74	J
75	K	76	L	77	M	78	N
79	O	80	P	81	Q	82	R
83	S	84	T	85	U	86	V
87	W	88	X	89	Y	90	Z
91	[	92	\	93	]	94	^
95	_	96	`	97	a	98	b
99	c	100	d	101	e	102	f
103	g	104	h	105	i	106	j
107	k	108	l	109	m	110	n
111	o	112	p	113	q	114	r
115	s	116	t	117	u	118	v
119	w	120	x	121	y	122	z
123	{	124			125	}	126	~

附录 D

MCS－51 系列单片机指令表

助记符		指令说明	字节数	周期数
		（数据传递类指令）		
MOV	A,Rn	寄存器传送到累加器	1	1
MOV	A,direct	直接地址传送到累加器	2	1
MOV	A,@Ri	累加器传送到外部 RAM（8 地址）	1	1
MOV	A,♯data	立即数传送到累加器	2	1
MOV	Rn,A	累加器传送到寄存器	1	1
MOV	Rn,direct	直接地址传送到寄存器	2	2
MOV	Rn,♯data	累加器传送到直接地址	2	1
MOV	direct,Rn	寄存器传送到直接地址	2	1
MOV	direct,direct	直接地址传送到直接地址	3	2
MOV	direct,A	累加器传送到直接地址	2	1
MOV	direct,@Ri	间接 RAM 传送到直接地址	2	2
MOV	direct,♯data	立即数传送到直接地址	3	2
MOV	@Ri,A	直接地址传送到直接地址	1	2
MOV	@Ri,direct	直接地址传送到间接 RAM	2	1
MOV	@Ri,♯data	立即数传送到间接 RAM	2	2
MOV	DPTR,♯data16	16 位常数加载到数据指针	3	1
MOVC	A,@A+DPTR	代码字节传送到累加器	1	2
MOVC	A,@A+PC	代码字节传送到累加器	1	2
MOVX	A,@Ri	外部 RAM（8 地址）传送到累加器	1	2
MOVX	A,@DPTR	外部 RAM（16 地址）传送到累加器	1	2
MOVX	@Ri,A	累加器传送到外部 RAM（8 地址）	1	2
MOVX	@DPTR,A	累加器传送到外部 RAM（16 地址）	1	2
PUSH	direct	直接地址压入堆栈	2	2
POP	direct	直接地址弹出堆栈	2	2
XCH	A,Rn	寄存器和累加器交换	1	1
XCH	A,direct	直接地址和累加器交换	2	1
XCH	A,@Ri	间接 RAM 和累加器交换	1	1
XCHD	A,@Ri	间接 RAM 和累加器交换低 4 位字节	1	1

续　表

助记符		指令说明	字节数	周期数
		（算术运算类指令）		
INC	A	累加器加 1	1	1
INC	Rn	寄存器加 1	1	1
INC	direct	直接地址加 1	2	1
INC	@Ri	间接 RAM 加 1	1	1
INC	DPTR	数据指针加 1	1	2
DEC	A	累加器减 1	1	1
DEC	Rn	寄存器减 1	1	1
DEC	direct	直接地址减 1	2	2

附录 E
单片机常用子程序

(1) 标号:BCDA　　功能:多字节 BCD 码加法
入口条件:字节数在 R7 中,被加数在[R0]中,加数在[R1]中。
出口信息:和在[R0]中,最高位进位在 CY 中。
影响资源:PSW，A，R2　　堆栈需求:2 字节

```
BCDA:MOV A,R7        ;取字节数至 R2 中
MOV R2,A
ADD A,R0             ;初始化数据指针
MOV R0,A
MOV A,R2
ADD A,R1
MOV R1,A
CLR C
BCD1:DEC R0          ;调整数据指针
DEC R1
MOV A,@R0
ADDC A,@R1           ;按字节相加
DA A                 ;十进制调整
MOV @R0,A            ;和存回[R0]中
DJNZ R2,BCD1         ;处理完所有字节
RET
```

(2) 标号:BCDB　　功能:多字节 BCD 码减法
入口条件:字节数在 R7 中,被减数在[R0]中,减数在[R1]中。
出口信息:差在[R0]中,最高位借位在 CY 中。
影响资源:PSW，A，R2，R3　　堆栈需求:6 字节

```
BCDB:LCALL NEG1      ;减数[R1]十进制取补
LCALL BCDA           ;按多字节 BCD 码加法处理
```

```
CPL C                    ;将补码加法的进位标志转换成借位标志
MOV F0,C                 ;保护借位标志
LCALL NEG1               ;恢复减数[R1]的原始值
MOV C,F0                 ;恢复借位标志
RET
NEG1:MOV A,R0            ;[R1]十进制取补子程序入口
XCH A,R1                 ;交换指针
XCH A,R0
LCALL NEG                ;通过[R0]实现[R1]取补
MOV A,R0
XCH A,R1                 ;换回指针
XCH A,R0
RET
```

（3）标号:NEG   功能:多字节 BCD 码取补

入口条件:字节数在 R7 中,操作数在[R0]中。

出口信息:结果仍在[R0]中。

影响资源:PSW, A, R2, R3   堆栈需求:2 字节

```
NEG:MOV A,R7            ;取(字节数减一)至 R2 中
DEC A
MOV R2,A
MOV A,R0               ;保护指针
MOV R3,A
NEG0:CLR C
MOV A,♯99H
SUBB A,@R0            ;按字节十进制取补
MOV @R0,A            ;存回[R0]中
INC R0               ;调整数据指针
DJNZ R2,NEG0         ;处理完(R2)字节
MOV A,♯9AH           ;最低字节单独取补
SUBB A,@R0
MOV @R0,A
MOV A,R3             ;恢复指针
MOV R0,A
RET
```

（4）标号：BRLN　　　功能：多字节 BCD 码左移十进制一位（乘十）

入口条件：字节数在 R7 中，操作数在［R0］中。

出口信息：结果仍在［R0］中，移出的十进制最高位在 R3 中。

影响资源：PSW，A，R2，R3　　　堆栈需求：2 字节

BRLN：MOV A，R7	；取字节数至 R2 中
MOV R2，A	
ADD A，R0	；初始化数据指针
MOV R0，A	
MOV R3，#0	；工作单元初始化
BRL1：DEC R0	；调整数据指针
MOV A，@R0	；取一字节
SWAP A	；交换十进制高低位
MOV @R0，A	；存回
MOV A，R3	；取低字节移出的十进制高位
XCHD A，@R0	；换出本字节的十进制高位
MOV R3，A	；保存本字节的十进制高位
DJNZ R2，BRL1	；处理完所有字节
RET	

（5）标号：MULD　　　功能：双字节二进制无符号数乘法

入口条件：被乘数在 R2，R3 中，乘数在 R6，R7 中。

出口信息：乘积在 R2，R3，R4，R5 中。

影响资源：PSW，A，B，R2～R7　　　堆栈需求：2 字节

MULD：MOV A，R3	；计算 R3 乘 R7
MOV B，R7	
MUL AB	
MOV R4，B	；暂存部分积
MOV R5，A	
MOV A，R3	；计算 R3 乘 R6
MOV B，R6	
MUL AB	
ADD A，R4	；累加部分积
MOV R4，A	
CLR A	
ADDC A，B	

```
MOV R3,A
MOV A,R2           ;计算 R2 乘 R7
MOV B,R7
MUL AB
ADD A,R4           ;累加部分积
MOV R4,A
MOV A,R3
ADDC A,B
MOV R3,A
CLR A
RLC A
XCH A,R2           ;计算 R2 乘 R6
MOV B,R6
MUL AB
ADD A,R3           ;累加部分积
MOV R3,A
MOV A,R2
ADDC A,B
MOV R2,A
RET
```

(6) 标号:MUL2　　　功能:双字节二进制无符号数平方

入口条件:待平方数在 R2,R3 中。

出口信息:结果在 R2,R3,R4,R5 中。

影响资源:PSW,A,B,R2~R5　　　堆栈需求:2 字节

```
MUL2:MOV A,R3            ;计算 R3 平方
MOV B,A
MUL AB
MOV R4,B                ;暂存部分积
MOV R5,A
MOV A,R2                ;计算 R2 平方
MOV B,A
MUL AB
XCH A,R3                ;暂存部分积,并换出 R2 和 R3
XCH A,B
```

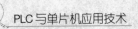

```
XCH A,R2
MUL AB                    ;计算 2×R2×R3
CLR C
RLC A
XCH A,B
RLC A
JNC MU20
INC R2                   ;累加溢出量
MU20:XCH A,B            ;累加部分积
ADD A,R4
MOV R4,A
MOV A,R3
ADDC A,B
MOV R3,A
CLR A
ADDC A,R2
MOV R2,A
RET
```

(7) 标号:DIVD   功能:双字节二进制无符号数除法

入口条件:被除数在 R2,R3,R4,R5 中,除数在 R6,R7 中。

出口信息:OV=0 时,双字节商在 R2,R3 中,OV=1 时溢出。

影响资源:PSW,A,B,R1~R7   堆栈需求:2 字节

```
DIVD:CLR C                 ;比较被除数和除数
MOV A,R3
SUBB A,R7
MOV A,R2
SUBB A,R6
JC DVD1
SETB OV                  ;溢出
RET
DVD1:MOV B,#10H          ;计算双字节商
DVD2:CLR C               ;部分商和余数同时左移一位
MOV A,R5
RLC A
```

```
MOV R5,A
MOV A,R4
RLC A
MOV R4,A
MOV A,R3
RLC A
MOV R3,A
XCH A,R2
RLC A
XCH A,R2
MOV F0,C                   ;保存溢出位
CLR C
SUBB A,R7                  ;计算(R2R3－R6R7)
MOV R1,A
MOV A,R2
SUBB A,R6
ANL C,/F0                  ;结果判断
JC DVD3
MOV R2,A                   ;够减,存放新的余数
MOV A,R1
MOV R3,A
INC R5                     ;商的低位置一
DVD3:DJNZ B,DVD2           ;计算完十六位商(R4R5)
MOV A,R4                   ;将商移到R2R3中
MOV R2,A
MOV A,R5
MOV R3,A
CLR OV                     ;设立成功标志
RET
```

(8) 标号:D457   功能:双字节二进制无符号数除以单字节二进制数

入口条件:被除数在 R4, R5 中,除数在 R7 中。

出口信息:OV＝0 时,单字节商在 R3 中,OV＝1 时溢出。

影响资源:PSW, A, R3~R7   堆栈需求:2 字节

```
D457:CLR C
```

```
MOV A,R4
SUBB A,R7
JC DV50
SETB OV                  ;商溢出
RET
DV50:MOV R6,#8           ;求平均值(R4R5/R7—→R3)
DV51:MOV A,R5
RLC A
MOV R5,A
MOV A,R4
RLC A
MOV R4,A
MOV F0,C
CLR C
SUBB A,R7
ANL C,/F0
JC DV52
MOV R4,A
DV52:CPL C
MOV A,R3
RLC A
MOV R3,A
DJNZ R6,DV51
MOV A,R4                 ;四舍五入
ADD A,R4
JC DV53
SUBB A,R7
JC DV54
DV53:INC R3
DV54:CLR OV
RET
```

(9) 标号:DV31   功能:三字节二进制无符号数除以单字节二进制数

入口条件:被除数在 R3, R4, R5 中,除数在 R7 中。

出口信息:OV=0 时,双字节商在 R4, R5 中,OV=1 时溢出。

影响资源:PSW, A, B, R2~R7   堆栈需求:2 字节

```
DV31:CLR C
MOV A,R3
SUBB A,R7
JC DV30
SETB OV                    ;商溢出
RET
DV30:MOV R2,#10H          ;求 R3R4R5/R7—→R4R5
DM23:CLR C
MOV A,R5
RLC A
MOV R5,A
MOV A,R4
RLC A
MOV R4,A
MOV A,R3
RLC A
MOV R3,A
MOV F0,C
CLR C
SUBB A,R7
ANL C,/F0
JC DM24
MOV R3,A
INC R5
DM24:DJNZ R2,DM23
MOV A,R3                   ;四舍五入
ADD A,R3
JC DM25
SUBB A,R7
JC DM26
DM25:INC R5
MOV A,R5
JNZ DM26
INC R4
DM26:CLR OV
RET                        ;商在 R4R5 中
```

（10）标号：MULS　　　　功能：双字节二进制有符号数乘法（补码）

入口条件：被乘数在 R2，R3 中，乘数在 R6，R7 中。

出口信息：乘积在 R2，R3，R4，R5 中。

影响资源：PSW，A，B，R2～R7　　　　堆栈需求：4 字节

MULS：MOV R4，#0	;清零 R4R5
MOV R5，#0	
LCALL MDS	;计算结果的符号和两个操作数的绝对值
LCALL MULD	;计算两个绝对值的乘积
SJMP MDSE	;用补码表示结果

参 考 文 献

1. 戴一平. 可编程控制技术及应用[M]. 北京:机械工业出版社,2004.
2. 孙振强. PLC 原理及应用教程[M]. 北京:清华大学出版社,2005.
3. 王永华. 现代电气控制技术及 PLC 应用技术[M]. 北京:北京航空航天大学出版社,2006.
4. 周四六. FX 系列 PLC 项目教程[M]. 北京:机械工业出版社,2011.
5. 王时军. 轻轻松松学欧姆龙 PLC[M]. 北京:机械工业出版社,2011.
6. 冯凤翼. 图解欧姆龙 PLC 入门[M]. 北京:机械工业出版社,2011.
7. 王冬青. 欧姆龙 CP1 系列 PLC 原理及应用[M]. 北京:电子工业出版社,2011.
8. 廖晓梅. 三菱 PLC 编程技术及工程案例精选[M]. 北京:机械工业出版社,2012.
9. 王建. PLC 实用技术(三菱)[M]. 北京:机械工业出版社,2012.
10. 向晓汉. 三菱 FX 系列 PLC 完全精通教程[M]. 北京:化学工业出版社,2012.
11. 张迎新等. 单片微型计算机原理、应用及接口技术[M]. 北京:国防工业出版社,2004.
12. 李朝青. 单片机原理及接口技术[M]. 北京:北京航空航天大学出版社,2005.
13. 张克明. MCS - 51 单片机实用教程[M]. 北京:科学出版社,2010.
14. 黄勤. 单片机原理及应用[M]. 北京:清华大学出版社,2010.
15. 刘教瑜,曾勇. 单片机原理及应用[M]. 武汉:武汉理工大学出版社,2011.
16. 李勇. 汽车单片机与车载网络技术[M]. 北京:电子工业出版社,2011.
17. 潘永雄. 新编单片机原理与应用[M]. 西安:西安电子科技大学出版社,2012.
18. 孙育才,孙华芳. MCS - 51 系列单片机及其应用[M]. 南京:东南大学出版社,2012.
19. 王迎旭. 单片机原理与应用[M]. 北京:机械工业出版社,2012.
20. 艾运阶. MCS - 51 单片机项目教程[M]. 北京:北京理工大学出版社,2012.

图书在版编目(CIP)数据

PLC 与单片机应用技术/易磊,黄鹏主编. —上海:复旦大学出版社,2012.12
(复旦卓越·普通高等教育 21 世纪规划教材)
ISBN 978-7-309-09321-6

Ⅰ.P…　Ⅱ.①易…②黄…　Ⅲ.①plc 技术-高等学校-教材②单片微型计算机-
高等学校-教材　Ⅳ.①TM571.6②TP368.1

中国版本图书馆 CIP 数据核字(2012)第 254475 号

PLC 与单片机应用技术
易　磊　黄　鹏　主编
责任编辑/张志军

复旦大学出版社有限公司出版发行
上海市国权路 579 号　邮编:200433
网址:fupnet@ fudanpress.com　http://www.fudanpress.com
门市零售:86-21-65642857　　团体订购:86-21-65118853
外埠邮购:86-21-65109143
江苏省句容市排印厂

开本 787 × 1092　1/16　印张 15.5　字数 331 千
2012 年 12 月第 1 版第 1 次印刷

ISBN 978-7-309-09321-6/T·461
定价:31.00 元